U0116761

我在滙豐的那些年

王洲世　著

商務印書館

我在滙豐的那些年

作　　者：王浵世
責任編輯：甄梓祺
封面設計：趙穎珊
出　　版：商務印書館（香港）有限公司
香港筲箕灣耀興道 3 號東滙廣場 8 樓
http://www.commercialpress.com.hk
發　　行：香港聯合書刊物流有限公司
香港新界大埔汀麗路 36 號中華商務印刷大廈 3 字樓
印　　刷：美雅印刷製本有限公司
九龍觀塘榮業街 6 號海濱工業大廈 4 樓 A
版　　次：2020 年 11 月第 1 版第 1 次印刷

ISBN 978 962 07 6642 8
Printed in Hong Kong

目錄

自序

約十年前寫過一本《滙豐故事》，銷路不錯；商務印書館幫忙出版，賣出過萬冊，據說當年名列前茅，讓我有點飄飄然。不是自誇，不少朋友看過都給出好評，有的還鼓勵我寫下集。我也有這種想法，因為能夠寫，而願意寫的人不多。不是自誇，現在像我這樣知道內情的人，可以說沒幾個。我放棄不寫的話，不少滙豐故事就會失傳，太可惜了。

不過我已經寫過一本，大約十萬字，包含不少故事。再寫一本，故事的挑選要有變化，讀者才會覺得有新意。至少增加銷路，現在的社會樣樣要考慮經濟利益，我也不能例外。既然是講我與滙豐掌舵人的工作關係，就要講我親身經歷的事情，而不是那些從別人口中，或網上的傳聞節錄。

另外一個考慮，是與親疏有別有關。親的自然會落墨較多，疏的較少。但是我不會把明明自己知道不多的故事，靠傳言來搭救，那就失去第一手資料的味道。不過大家一定要接受，有些事情是道聽塗說的，我一定會註明。

雖然是講某些滙豐掌舵人的故事，這本書還是有根主軸，那就是滙豐銀行的內涵。內涵包括精神文明、企業文化、思想體系、行為舉止等等，從各掌舵人身上看得到。這些內涵支撐很多老資格的同事長期在滙豐服務，他們為這些內涵驕傲，跟這些內涵一起成長覺得慶幸。我是其一。

這次我就不再找人幫忙寫序，過去的經驗告訴我，絕不簡單。很多前輩對寫序都有保留，怕惹麻煩。有些人的思路是自求多福，閒事少管；幫人一把，現在不是常態。我能理解，只能自己來告訴讀者：書中是滿滿的、真誠的感激。

王澎世

前言

我在 1972 年從香港中文大學畢業，加入一家華資銀行，完成六個月的培訓，面對升級。想得長遠一點，升級後的日子會是怎樣？就是一個打工仔，早上上班，晚上下班。除了工作，看不到其他，總讓我覺得少了一份工作的樂趣。趁年輕，快快跳槽。碰巧滙豐銀行開始招收見習生，培訓三年，至少經歷六個不同性質的部門。心想，這計劃應該有趣多了，趕緊報名。

原來招收新人也有分類，香港大學畢業生較多。我是少數之一，慶幸之餘，心有不甘。希望能闖出名堂，為母校爭回一點面子。入行之後發現培訓計劃不過爾爾，基本上是混日子，學不到甚麼。敦促自己快快完成培訓，擺脱見習生行列。結果發現三年只是框架，想要縮短，自己爭取。這時候發現工作的樂趣在於自己動腦筋，別人幫不了。要等人家「給」，不如自己想辦法。這才是樂趣。

沒多久，就學會「跑得快，好世界」這句俗話。有事情要找人？我來、我來，有點義不容辭。果然有好結果，兩年兩個月就完成三年培訓。之後兩年，換了三個崗位。不是做不來，出問題。原來其他崗位有空缺，要找人頂替。沒問題，我來、我來。這時候，我發現銀行工作其實很繁瑣，也很煩。能夠經常換崗，自然而然找到樂趣。

不過，這本書不是講我年輕時闖蕩江湖的經歷，反而是講我在滙豐遇上不同掌舵人的經歷，所以書的開頭一來就談及施德論，當時他已貴為科技部副總經理。我早幾年的故事暫且放下，專注掌舵人與我的故事。

這時候，應該是 1980 年，改革開放剛開始。中國內地，尤其深圳，發生巨大變化。對滙豐以及廣大的客戶羣，是千載難逢的機遇，不容放過。我寫這本書就是想記下過去多年目睹滙豐的掌舵人如何創造、應對機會。對他們個別的描述，絕對不含惡意。反而，對他們的敬佩，確是心底話。

第一章

直率電腦人 科技推動滙豐

施德論

John Strickland

1970 年進滙豐銀行，負責滙豐全球科技發展與戰略。1996-1998 出任滙豐亞太區主席，繼續倡導科技創新，把滙豐推上更高層次。目前已從銀行退休，依然在香港擔任其他公職，服務社會。

第 1 回

你讀過工廠管理，最合適

施德論出任滙豐亞太區主席，大概是九七前後。有點出人意表，因為他一直是「電腦人」。那時候，説人是電腦人，有點不客氣，因為暗示這人有點呆板，智商高，但是情商一般。再者，他出任主席之前，負責滙豐的電腦系統操作，為人處事非常直率，加上他的姓讀音像英語中「直」那個字，故大家稱之為「阿直」。他也似乎不介意，直就直。

我認識他遠在 1980 年，當時我入職滙豐只有七年光景。剛剛在希慎道分行擔任經理，這分行算是較有規模，因為它有押匯業務。有押匯就算是大分行，有三、四十人；一般不含押匯的小分行，只有十來人。以香港島來説，也只不過是四、五家大分行而已，例如北角、德輔道西。不敢説自己已經嶄露頭角，但是三十歲不到，能夠出任大分行的經理，的確有點出人意表，其他大分行的經理都是四十到底，或五十出頭。

記得，我正在北京旅遊，收到電話留言，要我回港之後去找他。有點忐忑，當時他是一位負責電腦的副總經理，找我幹嘛？何況我根本不懂電腦。不管怎樣，接到留言，心中多少有點不安。回港後，去找他。他的辦公室跟他的職位不匹配，桌子很小，而且放滿文件與電腦報表，而且地上也鋪滿報表。

一見到我就不客氣，首先，為甚麼下午才去找他，是急事也。還來不及道歉，他就接下去說：「我要你去一趟英國，學習一套電腦印刷技術。」我第一個反應：「搞錯了，不是找我。」我馬上再重複自己的名字，在希慎道擔任經理，跟電腦完全不搭界，是不是找另外一個人，搞錯了？

他頭也沒抬，就說：「電腦不會錯，你是銀行唯一讀過工廠管理的人，應該最合適，不用多講。」我還是不明不白，到底他在說甚麼？一臉茫然。他就很細心跟我解釋，客戶需要的支票簿一直是放在分行的防火櫃裏面，而防火櫃佔地方，是一種無形的浪費。他想到「要才去印」的辦法，省地方。客戶在提款機上申請，兩天後就可以印好，寄給客戶，不是很方便嗎？他要我做的事情就是去英國學習，回來開工自己搞，怕甚麼？天下無難事。況且還有一位讀過工廠管理的年輕人，事情好辦。他的理論值得尊重，但是要我去幹這活，老實說，心中像是有十五個滑輪，七上八下，不得不抽口涼氣。

他補了幾句話。一是：怎樣去這家工廠？找誰？記得他提到一個地方叫 Chichester。他還說：「就在 Winchester 附近，那裏有古代圓桌武士聚會的大圓桌，可以抽時間去看看。」我哪有心情想到旅遊，一直在盤算，這事辦不成會有甚麼後果？他倒滿輕鬆，不可能做不成。二是：給我九個月時間，1,200 萬元的預算，不能多，也不能拖。我第一次感覺他這個人很直爽，名副其實，就是「直」。

銀行的文化，不怕出錯

不僅如此，膽子也很大。他根本不認識我，就把一個滿重要的項目交給我。辦不成，怎麼辦？這也是我第一次感覺銀行的文化，不怕出錯；做事不會拖拖拉拉，覺得對就去做。不過也有人性化的一面：有機會去看看亞瑟王跟圓桌武士用來開會的大圓桌。（後來沒去成，時間緊張要趕回家；等到好幾年後，趁旅遊去看過，果然有點看頭。）

九個月不到，把電腦化印支票這個項目搞定（細節按下不表）。而且，不止滙豐，連恒生也一併上了線。道理是一樣的，只是恒生的同事很細心，踏出一步，要問十幾次。不怕一萬，就怕萬一，形容他們的工作態度絕對正確。不過，也不是

1952 年的滙豐銀行支票，當時「滙」的寫法為「匯」。
（圖片來源：鄭寶鴻先生）

一路順水順風，出過一個小毛病，幾乎要叫停。

恒生的工廠在滙豐附近，都在黃竹坑工廠區。電腦與印刷程序跟滙豐一模一樣，唯一不一樣的是空調設備。恒生的空調會自動調節溫度，室溫過高會加大力度，相反就會減低力度。滙豐的空調也一樣如此，不過恒生的設置反應稍慢，室溫過低，空調系統自動升溫。產生一種難以想像的問題：由於溫差，機器上的刀片產生微小水珠，影響切力，刀片甚至發生生鏽現象，令支票邊沿變得參差不齊。一時間無法找到合適的解釋，幸好及時發現問題，否則導致項目延誤，無法交差。

是我的運氣，能夠在三十剛出頭的年紀，就有機會單人匹馬負責一項頗為複雜的項目。施德論雖然是「頂爺」——終極負責人，但是看他總是處變不驚。而且充分體現「用人不疑，疑人不用」的精神。對我十足信任，只要我兩星期匯報一次。拿起他的那本淺綠色筆記簿，我說甚麼，他就記下來，下次再跟進。有問題問他，他就會說:「你想辦法搞定。」他放權的方式，就是讓我扛責任。他明顯是「老大」，是製片人，但是又好像是「觀眾」。他的道理很簡單，沒有其他人比當事人更了解問題，自然讓我來解決最為有效。

項目的成功，幫分行減免不少地方。那些防火櫃結果全賣掉，供應商也因此失去一筆大生意。還有後話，值得一提。這家供應商的老闆姓霍，後來移居美國，我多年後調派美國工作，又遇上此人，對這事仍然耿耿於懷，說我跟「施老爺」徹底破壞了他的生意。(施老爺是綽號，此人常用，銀行內私底下稱呼他為「直老爺」)

項目的成功對施德論來說，帶來新的信念。第一，電腦化的萌芽，盡量少用人手；第二，省地方等於降低成本，能夠低成本運營，加強競爭力；第三，「試試看」是成功的基因。這項目 1981 年正式上線，帶給銀行扎實的鋪墊，連帶推動滙豐銀行總行重建工作同年開動。可以説是全球銀行界前所未有的投資，整體計劃是 50 億港元，也是由施德論負責。對我來説，這項目把我推到銀行內部工作，不算是「電腦人」，但是跟施德論搭上線，埋下伏筆，不久之後還有另一回合的「合作」。留待下回分解。

第2回

豬八戒照鏡子，裏外不是人

電腦化印刷支票這個項目把我拖出正統銀行工作，開始做項目。雖然工作性質跟銀行業務脱不開，我給人的感覺是一個技術人員，整天在做研究，把銀行工作程序進行改良。平時跟客戶很少聯繫，不像別人做銀行；今天開會，明天午飯，後天咖啡，跟客戶混在一起，好有滿足感。這也解釋了為甚麼我的同袍不願意做項目，一方面路線走偏了，很難走回頭；另一方面味道不足，跟客戶有活動感，做項目死板板。

還有一句俗話可能更易理解，做項目就像豬八戒照鏡子，裏外不是人。做項目，人家不認為我是專家；做銀行跑客戶的人，不認為我會做生意。兩邊不討好，就是這個意思。施德論不一樣，進銀行就是搞科技，逐步變為專家，無法取代。我就是因為在大學修過半年的生產管理就踏上這條不歸路，説起來有點冤。

喝紅酒、背唐詩

不過施德論還是有點情意，重大節日，比如説冬至前一天，總會邀請跟他一起工作的同事，回家聚聚。喝杯他太太自製的紅酒（有點像紅酒！），聊聊天，大家培養感情，算是有人情味。在 80 年代，他不過是一位副總經理，住的地方容納三、四十人沒問題。但是對我來說，就有點搭不上，因為我是半途出家，不像其他人入行就跟着他，大家比較親切。他也會邀請認識的客戶，尤其是在他家附近住的，過來喝酒、聊天。不過千萬不要表錯情，以為有大餐慶祝，最多在銀行的餐廳弄點「手指食品」，比如說小香腸、芝士配餅乾等等，用牙籤就可以放進嘴巴。不要以為他是吝嗇，只是不想「浪費」而已，他的節約態度，遠近馳名，值得欽佩。

滙豐在 1865 年，由一班在香港的蘇格蘭商人所創立。蘇格蘭人跟以前的中國人很接近，讓我舉幾個例子：節約用錢、刻苦耐勞、忠誠待人、維護國家、善待家人。（我說的是以前的中國人，現在不好說！）施德論也一樣，省錢是必然，直率也是必然。我在他旗下，很明白他的性格。只是有時候過分拿捏，別人吃不消。

記得有一次，酒後要他身邊幾個同事背誦唐詩。我知道，在這種場合，一定要搶先。給人先說了，自己吃虧。甚麼牀前明月光之類的小兒科，盡快出台。沒想到，身邊那些同事

1960 年的中環銀行區，相片中央為舊滙豐銀行總行。
（圖片來源：鄭寶鴻先生）

比我還差，啞口無言。結果連我在內，全部受他訓話，説我們身為中國人，連唐詩都背不出幾首，使他吃驚。接着，他來表演，連續好幾段英語詩句。出自電腦人口中，不由我們不佩服。他還有後着，第二天自己去買《唐詩三百首》，一人送一本。意思就是要我們多努力，不能忘本。

遠觀高不可攀，近看另一個人

遠距離看施德論，高不可攀，而且有點不可理喻。但是近觀，卻發現他是另外一個人，有愛心但是好勝，有自己一套理論，絕對不怕與人爭議。說到愛心，他有不少公職在身，尤其是幫小孩。記得他是香港小童群益會的義務司庫，幫人家電腦化，還要管錢，忙得很。他在 90 年代調到英國之前，把這份差事交給我，說我最適合。（大概他的電腦有些大數據，可以看出這一點）我也不推辭，橫豎沒甚麼大不了。

第一次開會，其他委員看到是我，一起用非常熱烈的掌聲歡迎我。我有點受寵若驚，為甚麼如此激動？原來不是歡迎我的到來，而是歡送他的離去。聽說在每次會議，施德論都把各委員問得啞口無言，無地自容。我完全可以理解，過去跟着他就有深刻體會，因為他問起問題，有一個「程式」。比如說，這人在哪裏讀書？香港。哪家大學？香港大學。中學呢？隨便胡扯一家中學。太太呢？也是香港大學。中學？又是胡扯。道理很簡單，回答千萬不要中斷，一直堅持，對錯都要堅持。如果答不出來，他會開始另一系列的問題，一直問下去，答不上為止。他絕無惡意，就是程式太長，不懂竅門就會覺得自己「無料」，秘訣是不用害怕，死頂。記住：處變不驚，反過來也行，處驚不變。

我是過來人，也算半個「入門弟子」，是不是得他「歡

心」無從得知。好像小童群益會的司庫，我幹了幾年，算是稱職。他從英國調回香港，立馬找我。開門見山，一開口就要跟我討回司庫一職。我無意見，原來就是託管性質。但是我在想，怎樣跟其他委員解釋才好？不知道會是怎樣的掌聲來歡迎他的「東山再起」呢？

當年於小童群益會暫時「託管」了司庫一職，不時參加社區活動。

第 3 回

直老爺眼中，有甚麼做不來？

加入施德論的團隊，不完全是自願。第一次做印刷支票簿是他叫我過去「幫忙」，我沒有任何自願的成分。第二次我更是被動，完全是他大力推薦，我被迫「上馬」，又開始另一個項目。這個項目殊不簡單，是滙豐總行的重建，1981 年拆卸，1985 年竣工，整個項目預算 50 億港元，是當年世界上

約 1963 年聖誕期間的舊滙豐銀行總行，
前方為當時用作停車場的皇后像廣場。
（圖片來源：鄭寶鴻先生）

最昂貴的建築物，或許今天仍然都是。

這個項目整個團隊接近 5,000 人，涉及設計的建築師都過千，而且大部分由英國外派來香港，人才鼎盛。負責設計的總舵手是科士打（Norman Foster），藉這個項目大振聲威，成為一代宗師。後來英國、美國，以及香港的新機場都是出自他的手筆。他的作風追求前瞻性，比如說：大家看慣噴射機，他的設計讓人想到太空船。我覺得他能帶動別人的思維，覺悟設計原來可以是這樣的。

首天就已經落後

以一個龐大的項目來說，四年絕對不足夠。從第一天就很緊張，也可以說「已經落後」，要拼命追上來才能達標。或許是因為這樣，負責內部設計的建築師吃不消四方八面的壓力，索性撤退，回英國去。銀行內的名義總舵手是文頓（Roy Munden），實際總舵手是施德論，負責項目如期進行。面對這樣的局面，發揮他一向處變不驚的態度——換將。

不知道他從何而來的靈感，再次找到我。這一次，不用看我的履歷，讀過建築與否不重要，只要「有常識，跟得貼」

就應該能應付這項目。很明顯，是「直老爺」的思維，有甚麼做不來？把我叫過去，說明原委，要我接手。大家肯定會懷疑，這事當真？我是銀行一個普通的行政人員，做過一個算是成功的項目而已，現在竟然要替補建築師的空缺。

雖然他膽子大，我則有如初生之犢不畏艱險，但是兩人都理解延誤的結果：輸錢之外，還輸面子，隨時把工作都輸掉。我自然要問清楚，到底要我幹甚麼？原來這位已離職的建築師原本負責全棟大樓的樓面設計。說白了，就是要為準備進入新總行的 3,300 人，找到各人的位置，給他們所需的設備，包括桌、椅、櫃等……最難的地方是要弄清楚他們彼此間的工作關係，甲在乙旁邊，接着是丙，然後丁，這種排序要跟工作流程吻合，才會產生最大效果。反而，設計上是否美觀、典雅，相對不太重要。

到這時候，我就能理解，其實這位建築師面對兩種功能：功能效果與視覺效果的結合。後者他在行，前者是他的「軟肋」，因為他不懂銀行工作流程，而且無法惡補。思前想後，結果只能告退。要我接手，後者是我的「軟肋」，前者我自然會比他好。在選擇不多的情況下，施德論作出大膽決定，也不是瞎搞，可以說是：沒辦法中的辦法。

最大的問題反而是各位同事是否願意接受新的安排？有甚麼不妥或潛在的不滿？其實很簡單，新大樓的配置比以前要少，也更小。比如説，審計部門原先有 41 個房間，幾乎每個經理都有自己的房間，而且不小。搬進新大樓只有三間獨立辦公室，其餘的人全部在「大廳」工作，心中自然不爽，工作方式也有巨大改變。以前是在自己的「小天地」工作，將來在大廳內，眾目睽睽，完全沒私密空間。可以想像，反對聲音多過贊成。

或許是其中一個原因，這個項目要施德論負責。他一向的態度是「無情講」，要做就做到底，不能有例外。這一點絕對值得欽佩。

每天的延誤，代價 200 萬元

加入總行重建，的確戰戰兢兢。據説每一天的延誤代價是 200 萬港元，原則是不能拖。如果哪一層樓面出現阻滯，跳過這一層，以後再説。我這份工作到底負責甚麼？英語可以説清楚，叫做 Office Planning，就是設置每一個人的辦公室或辦公桌。中文就很難説清楚，有人建議「寫字樓設計」，但是有點像裝修工程。也有人説是「辦公室計劃」，我認為也不行，絕對詞不達意。

功能上來說，就是要根據工作流程上每個人的職能，安排座位與設備。說起來簡單，但是有許多新大樓裏面的「規劃原則」產生許多擺設上的限制。舉幾個例：所有辦公室必須不能設在窗邊，否則景觀與光線給擋住。這一條規矩引發不少爭議，因為傳統上總是坐辦公室的人比較高級，自然想把景觀留給自己。新大樓反而要放在大樓中間，自然引發怨言，甚至乎反對。

第二個難題是每張寫字桌之間，盡量不要放置屏風（除非有必要）。目的是不想把一層樓弄成許多「小區」，各自為政，互不理睬。當然有反對聲音，不喜歡這種開放式設計。但是這是新大樓最重要的一個設計目標，要創造一種公開、透明的氛圍。設計師「安慰」我們說：愈是公開，大家愈是安靜，不會像以前那樣，四邊講話的人產生很多噪音。後來的確如此，建築師的話不是沒有道理。

對我來說，這項目有難度，但也是學習的好機會。規劃不僅是決定一張桌子放哪裏？還要考慮流程、燈光、空調、噪音等因素，來一個綜合性的評估就不簡單。施德論算是公

道，給我三個幫手，連我四個人，兩個星期規劃一層樓。一層樓的人數有多有少，愈是有關操作的部門，愈是多人，比如説押匯部就有點擠迫，每個人佔有面積不大，一層樓可以超過100人。負責市場調查的部門，雖然文件很多，但人不算多，每個人佔有面積頗大，一層樓的人數反而不多。

大家聽我講，就知道這是很瑣碎的工作，但是需要很細緻的心態，不能吝嗇，也不能慷慨。很明顯，每個人都想爭取多點地方，説自己工作發展很快，必須要有更大面積，都是經常聽到的理由。到底有沒有考慮業務增長的因素呢？有的，施德論的看法是業務肯定會有增長，但是自動化的進步來得更快，毋須配置太多空間。

記得當時是1983年，他説以後的辦公方式有兩大趨勢：第一，用一部手提電腦就可以取代各式印刷文件；第二，有可能不用辦公室，在家工作便可。前者基本上已經實現，後者相信也會逐步實現。讓人佩服的是他的前瞻性，30多年前，已經提出劃時代的看法。

我這個項目，不止是策劃辦公場所。還有兩項購置工作：一是寫字桌椅，二是文件櫃。大家一定記得施德論最反對的是文件櫃，他覺得文件一定會逐步消失，而被「寄存」在電腦裏。我相信，他那時候還沒想到手機會取代手提電腦。

這個項目非常複雜，自然有各種各樣的「逆襲」，有技術上難度，也有人為的阻撓。拖拖拉拉之下，總算不負眾望，落後的劣勢得到扭轉，如期完成任務。完成最後一個樓層，交給項目組總管之際，特意跑到施德論那邊（當時在和記大廈，今已拆卸），向他報告。有點說不出的驕傲，但是他還是老樣子。淡淡地問一句：「有甚麼新工作安排嗎？」我笑笑，不敢回答。怕他又指派一個新的項目，因為我已經離開傳統銀行業務多年，再不歸隊，肯定沒有機會，只好安心做一個電腦人。

第 4 回

滙豐的官階要解釋

這時候是 1985 年，施德論官拜滙豐科技部的副總經理。滙豐的官階需要解釋一下才容易理解，好像施德論明明是一個重要部門的主管，為甚麼是副總經理，而不是總經理？難道還有一位更高級的主管，深藏不露，是幕後的總經理？不是，這是因為他個人官階是副總經理，還沒到總經理這個級別。換句話説，這個主管可以是總經理，也可以是副總經理，要視乎這個人本身的級別。

跟他比較，我是好幾步之後。當年只不過是一位行政人員，雖然工作上我是一位經理，後者只是工作上的名稱，而前者才是我真正的級別。大家馬上會問，各個人都是行政人員，又怎樣分每個人的個人官階？其實不難，每個行政人員都要經過培訓，為期三年。也有人表現出眾，三年內就升級為行政人員。之後的日子，大概逢三年進一級。用英語字母排列，第一個三年就是 A 級，等到三年後升級就變為 B(不過三年只是一個概念，可長可短)，之後 C、D、E 一直「可以」升到總經理，級別是 M。大家或許會問：要多少年才能升到總經理的級別？哈哈，不告訴你。

我當時的級別，說出來有點慚愧，是行政人員 D 級。剛巧進銀行 12 年，前三年培訓，其後九年，每三年升一級，正好 D 級。有人說，做項目沒甚麼「着數」，沒有特快通道呀！划不來。也有人說，走了一條歪路，吃虧了。我倒不在意，能夠參與大型項目，起碼開拓視野，增添經驗，就是無價之寶。而且，還有一位「老學究」做頂頭上司，是學習的好榜樣，這種經驗千金難買。

後來，過了十多年，施德論終於升為滙豐亞太地區的主席。我也走回傳統銀行路線，跑中國內地的業務，在匯報路線上，算是我頂頭上司。兜兜轉轉，兩人又再碰頭，運氣使然，沒話說。換句話說，兩人之間，笑話不斷，陸續有來。

長江水流有多快？

施德論喜歡「行山」，一有空就四處走，尤其是中國內地，三山五嶽都去過。說起來，如數家珍，誰也沒法比。工作上，我經常要安排他拜見內地的高官，連總理都要給面子，一年見一次很平常。有趟拜會武漢市長，他不忘為銀行宣傳，說到銀行為武漢的長江大橋貸款，眉飛色舞。或許是有點激動，他的好奇心全面啟動。記得他有一個問題問市長：「這一

段的長江水流飛快，蓋橋絕不容易。」接着就來一句：「請問市長長江時速是多少呀？」

這種問題對方不一定能回答，答不上口就有點尷尬，好像故意出道難題。我作為翻譯，自然懂得拿捏分寸，故意把他的問題淡化，就説水流這麼急，能夠順利蓋橋，真是現實勞動人民的偉大。市長果然受落，連忙點頭稱是。施德論知道我沒問他的問題，繼續追問。我只好繼續：「水流很急，有多急呀？」市長頗有意思，回答説：「橋上跳下去，就來不及救，因為 1 分鐘內已經漂到幾里路以外。」把幾里路乘以 60 就是水流時速，很簡單。不過我也沒跟他説明白，在內地跟領導談話，含糊其辭就容易平穩過渡，何必打破砂鍋問到底？

施德論生性耿直，所以才有「直老爺」的綽號。記得有一次到天津考察，説好不要我在場，他想獨自實地考察，不想我在旁「粉飾太平」。好呀，安排好他的行程，看他如何跟我們當地經理過招。原來他説要跟經理以及其他五位員工（還有家屬）一併吃晚飯，他説他請客。不過預算不超過 1,000 元，如果是本地人餐館也差不多是這個價錢。我還特意打電話給經理，千吩咐，萬吩咐，一定要有地方色彩，不能超標。結果，第二天收到他的電郵，對安排頗有意見。原來安排在一家頗有名氣的飯店，還弄了包廂，埋單3,000人民幣。他説這張單要分三份，他一千，我一千，經理一千。為何？因為我跟經理辦事不力，有負期望，吃不了地方小菜。所以各「罰」一千（不過他沒用罰這個字）。

施德論那股勁，可不是一般人能吃得消。我跟他共事多次，知道他的脾氣，二話不説安排「回水」給他。這兩千也就自己扛了，算是我跟他共事的一段小插曲。在他身上。學到好幾樣東西：他有其原則，是與非很清楚，不會拐彎。有遠見，自然有目標，希望別人跟着他走。人很節約，絕不浪費，給他發現浪費，簡直如同犯下滔天大罪。唯一的「缺點」就是跟銀行內大部分人的思維不一致，很多人吃不消，不喜歡他，背後不少壞話。我倒覺得，銀行能夠挺胸抬頭向前走，就需要有骨氣的人做領導。我慶幸能夠跟他共事，雖然從另外一個角度來看，是有點走偏了，有點冤枉。多年後，再看過去，何必計較太多。

第5回

好像喝涼茶，第一口很苦

跟施德論共事，有人會説是一種「苦中作樂」的經驗。的確如此，好像喝涼茶，第一口很苦，但是吞下去，就覺得口中有股甘涼，還想再喝。

原因很簡單，跟他工作一定會面對其嚴謹的態度與要求；出一點瑕疵，肯定招致他很不客氣的批評。可是這是一種學習機會，知道自己錯在哪裏，尤其是在年輕的時候。跟他討論一些有關科技的事情時，雖然機會不多，卻是另類的學習機會，因為他有很多自己意想不到的事情，對提倡自動化、提高生產力、節約資源等有一套前瞻性的看法。就像他想到電腦化印支票簿，一方面自動化，另一方面節約成本，擴大分行可用的面積。他不是先有一套全盤計劃，有的只是一個他相信可行的概念，就讓我去執行。

挑選我去做這個項目絕對不是像他所説：我在大學讀過生產管理。他從別人口中知道我不怕冒險，不怕出錯，態度上符合他的要求，就讓我上馬。「敢放手」的思維，在那個時候是滙豐的一種企業文化。為甚麼我這麼説呢？記得做這項目的時候，有機會看到高層之間的通信，值得一提。這種通信叫「Managerial Letter」，簡稱 ML。只有在某個級別以上的人才能彼此以 ML 互通公文，我稍後會解釋甚麼級別才能發放 ML。

這種 ML 是一種身份象徵，至少在 1980 年那個時代還沒有中國人有資格可以用 ML 出公文。ML 最讓我着迷的是其格式，有嚴格的規定。第一，只稱呼對方的姓。比如說，我寫給某人，他姓 Bond，我就要稱呼對方為 My dear Bond 加一個逗號。一看就有威勢，下款一定是 Yours truly，不能用其他甚麼 Yours faithfully 等等。ML 所具備的內容不能多，最多三兩句話就必須結束。

ML 在銀行內必須傳閱，但是傳閱對象有一定的限制，並沒有固定的規矩，完全由部門老大決定「誰該看，誰不該看」。我算運氣好，能夠看得到 ML 的時候，不算高級，只是老大有點「懶」，讓我先看，有甚麼重要事項跟他匯報。他就可以放心繼續做老大，把自己關在房間看報紙、雜誌。這是當年做老大的習慣，不要覺得稀奇。對我來說，也是好事，可以知道多一點上層人士如何處理問題。

大家或許想知道當時我在哪個部門，有此「待遇」。時間是 1978 年，地點則是 GCAC。外人當然不知道 GCAC 負責甚麼，即使在銀行內部，知道來龍去脈的人也不多。GCAC 全名為 Group Central Accounting Control，翻譯成中文也不易解釋。簡單來説，就是負責整個集團的賬戶（包括客戶）的進進出出。可以想像，進跟出必須相等，聽起來容易，但是每天進出的數量驚人，隨時會出一些差錯。如何在進賬後，確保「借」跟「貸」兩邊相等，可不是一件容易的事情。

老大是英國派過來的外派員，叫派克（Andrew Parker）。跟其他外派員有一個共通點，就是「多一事不如少一事」。把我當作他的二把手，負責一切運營。不要笑看這部門的工作，有 300 多人日以繼夜分三更上班，可以想像工作之繁重。一方面是責任心，人家把責任交給我，我不想出錯。另一方面，也是絕對難得的學習機會，可以看到銀行整體賬目系統如何處理。雖然不是要我去操作電腦系統，但是電腦如何處理賬戶卻是銀行工作中重要一環。

這項工作讓我成為半個「電腦人」，甚麼是 On-line ？甚麼是 Off-line ？甚麼叫 Posting ？甚麼時候電腦幹甚麼？倒也讓我摸清楚，原來如此！或許，這項工作讓我的人事紀錄多一項「技術」，好像懂得搞電腦。可能因為這樣，後來才給「直老爺」看中，把我挖去搞支票簿的印刷。

第 6 回

飯堂吃飯擺款，公餘喝酒隨意

在總行老大樓的 GCAC 工作接近兩年，轉眼要進入新的十年，1980 年就在眼前之際，我接到通知要調任希慎道分行。這分行在香港銅鑼灣，附近 5 分鐘路程另有五家分行，好像一張網把銅鑼灣各個重要馬路都覆蓋住。當年是滙豐銀行拓展分行業務的起點，我們在分行聽説整個分行網要在三年內從 220 家增加到 1,000 家。所以有這樣的俗話：「銀行多過米舖。」米舖是賣米的地方，其實不多，所以這句話不恰當。或許説，銀行多過茶餐廳更有道理。

記得有個笑話，是一個英國調派過來的外派員在總行酒吧説出來的。總行老大樓的酒吧在七樓，七樓平時是阿 Sir 吃飯的地方，地方不大，大概 30 張桌子，大多數四方桌，可以坐四個人。也有幾張六人桌，由兩張四方桌拼起來。一般坐不滿，因為在總行的阿 Sir 數目有限，而且分三輪吃。第一輪 11 時半資歷最淺的先吃，第二輪 12 時半中高級阿 Sir，最後 1 時半是留給大 Sir 的。沒有甚麼明確的分界線，要看如何自我「評價」。如果自認高級，可以把吃飯的時間向後推，明明應該 11 時半吃飯的人等到 12 時半才去。不是不可以，只

舊滙豐銀行總行大堂，由皇后大道中一方望向德輔道中。
(圖片來源：鄭寶鴻先生)

是不知道該坐哪一桌；就算坐下，也會發現別人好像嫌棄自己，不願意坐在自己那一桌。很明白，自己搞錯身分，明天還是早一輪吃飯為妙。

這種階級的分界線很微妙，或許是我自己多心。碰過「打單泡」，而別人擠在另外一桌都不願過來一起坐，心中有數。所以，我一直吃第一輪，永遠不出錯。不要忘記，在總行外國

阿 Sir 比較多，官階也比較高。所以自己要去高攀，人家不一定接受，不如自己顧自己，一早吃飯心情沒壓力。

不能異議的調派，不會記仇的文化

說到階級，是怎麼分呢？先說外派員。外派員有點像「特派員」，全球有 400 人，全數在英國錄用，一般都有亮麗學歷。名叫「國際專員」，英語是 International Officer。在英國培訓一年後，調派到滙豐在海外的分行工作，不得有異議。因為分派的分行有的較為先進與文明，比如說香港、新加坡、三藩市等等；也有機會派到中東地區、印度、印尼等地，那邊物質文明稍有不如。所以說不得有異議，派到哪裏就去哪裏。制度也有公平性，這次香港，下次可能中東，所謂風水輪流轉，每次調職有辣有不辣，看運氣。

另外還有規矩，值得一提。第一，Officer 的生涯共長 14 年，等於四、五份不同地區的工作，包括香港，每份三年左右。現在中國內地的政府官員也有類似的安排，目的是要每個人有不同經驗，而且不容易建立一個「小王國」，因為一超過三年，就很有可能建立小王國，自己成為小霸王，有如歷史上常見的「藩鎮坐大」的現象。

14 年後，他們面對一個嚴峻的十字路口，要嘛升級，改變稱號，不然拜拜，退休歸國。甚麼稱號？叫做 Accountant，不能把這職位翻譯為「會計」，這是一種「問責」的職位，取自英語中 Accountability 的意思。不要以為 14 年後會有許多 Accountant，其實不然。在原先的 14 年中流失不少，而且到了 14 年不符要求的也有不少，結果鬱悶回國。

為何流失？可以想像，在 14 年的悠長歲月中，派到巴基斯坦決不是人人受得了。物質缺乏是一個問題，當地民風又是一個更大的問題，不易駕馭，有點苦不堪言。受不了只有走人，我在香港見過某些 Officer，蠻有拼勁，而且學識淵博，但是一調離香港就從此不知下落，令人惆悵。可以理解，他們在香港真的是生活在「借回來的時間」內，隨時要還給銀行，單身上路，再也回不來。所以，這種心情影響工作情緒，有脾氣不稀奇。

喜歡下班後（絕不會開夜加班），跑到總行老大樓七樓的酒吧喝一杯啤酒，大家聊聊，散散悶氣，絕對正常。其中有人講講笑話，看誰能讓大夥笑翻天。這段歡樂時間，一般在 7 時左右結束，各自回家。在這一回開篇説到的笑話就是在這裏聽回來的，説到銀行在 80 年代死命開分行，一路不停開，實在

沒好的選擇也要開，街頭有，街尾也有。結果開到 1,000 家分行(注意：笑話而已)，大家歡喜非常，來一個隆重開幕儀式，請來一位叫做「好姐」的重要人物剪綵，大家很好奇，這位「好姐」是誰？原來剪綵前介紹她，是滙豐銀行唯一尚未剪過綵的阿嬸，其他全剪過。

有點挖苦，不過謔而不虐。在酒吧裏很多這類的笑話，不管有沒有其他高層在，照講不誤。大家也不計較，笑過就算，絕對不會記在心中，以後要你好看。這是滙豐銀行的文化之一，不記仇。

第 7 回

「大寫」駕到，人人迴避

講到 Officer 這個名稱，必須解釋一下。説明在先，我是從老大樓七樓酒吧聽回來的，不過有絕對可靠性，因為講的人當時是「鬼王」。「鬼」是香港人對老外的稱呼，一般沒有惡意。如果有詆意，會加多一個字，稱其為「死鬼」或「死鬼頭」。鬼王的意思是指此人管銀行所有「鬼仔」的調動與表現，可以説是一名權貴。但是，不一定凶神惡煞，一般客客氣氣，讓人摸不清他在想甚麼。

有一位「鬼王」在七樓解釋 Officer 這個名稱來源，蠻有意思。原來滙豐早年甚多元老都當過兵，由散仔升為沙展，再升上去變為初級軍官，軍官就是 Officer。銀行借用這個名稱，每年聘用的大學畢業生，叫見習 Officer，滿師之後，就是 Officer。學師不超過三年，三年不成器，請你走人。英國請來的鬼仔，升級後全部稱為 International Officer，簡稱 IO。（現在滙豐已經消除這種舊式的稱謂，改為國際經理 International Manager，比較有時代氣息）

那麼大家可能會問，香港那些「初級軍官」叫甚麼？相信

知道的人不多，叫 Regional Officer 中文叫「地區專員」，是不是馬上想起老早粵語片中吳楚帆，拿了黑色公事包入省城辦事那個腔調。我在 1973 年進滙豐簽的那份文件就稱我為地區專員，可見當年中文翻譯水平有多高？後來過了幾年，愈看愈不對路，才改為「地方經理」。其實更不對路，因為「地方」這兩個字是英語 Resident 的翻譯，Resident 也不妥，好像是大廈管理的概念。不過滙豐銀行的中文總是帶有「殖民地」的味道。

到了好幾年之後，銀行來一句宣傳語，八個字：「環球金融，地方智慧」。許多人讚好，但是不知道這不是原稿，原稿是「地道智慧」。因為當時我在中國內地擔任中國業務總裁多年，對中文有一定的話語權，我覺得地道有點繞口，提出反對，並建議改為地方。雖然不是最好，但是好過地道。結果銀行公關部門「從善如流」，改為地方智慧，沿用至今。

那些「鬼仔」有他們自身升級軌道，14 年「必須」升級，變為 Accountant，否則自便。Accountant 之後，再上去是 Assistant Manager，如果還有機會，就是 Manager。這種稱謂在今天完全不合時宜，當年可不一樣。能夠升到 Manager，可以說是一人之下，萬人之上。總行只有兩位，一位管業務，另一位管運營。不過要小心，貸款跟以上兩位不搭界，因為還有一位叫 Chief Accountant，專門管貸款，似乎官階比經理還高半級。中文叫「大寫」，甚麼緣故就無法考究，一直是這麼叫的。一說大寫來了，大家自動迴避，不想惹麻煩。

「二寫」完全不同味道

有大寫，自然有「二寫」。二寫就完全不同味道，專門負責總務，有如今天的行政部門，管一些雜務，也就是英語中常用的名稱，叫 Administration。為甚麼依然受重視，因為這人管的人都是「非文員」，例如阿嬸、警衛、司機、送貨等人，總之是一班不用寫字桌幹活的人。自然在他們眼中是大人物，所以不能小看二寫的威力（或威勢）。

地方專員有級別嗎？當然有，在殖民地色彩濃厚的銀行，一定會有級別之分。不過不難理解，按英文字母排列，A 最低，B 其次，一路排上去。其中有分段，A 到 C 第一段，走完三個層級，完成第一段。接着是 D，然後是 E，接着是 F，這三級代表第二段。每一段起、八年長短，當然有人稍快，有人稍慢，不足為奇。第三段由 G 開始，工資、福利明顯不一樣，大致上分兩級，再高一級是 H，已經算是高級經理。第三

段不是每個人都可以爬得到，第二段也一樣，表現一般就停留在那一段，不能突破。第四段就更難，有三級，分別是 K、L 及 M。L 是副總經理，再上去一級就是總經理，級別是 M，終於走到最後一步，可以光宗耀祖了。最近幾年，又有變化，把級別壓縮，分為四級。每一級人就多了，區別就不明顯。

第 8 回

滙豐率先推出 ATM，取代 ETC

這些年作為一個地方專員，是不是有一條路線圖？沒有一條規定好的路線圖，只是碰運氣，有機會去做貸款，也有機會去管運營單位，更不用說某些內部單位，好像 GCAC 那樣，要說也說不清楚。在 70 年代，甚至 80 年代初期，都是由人事部說了算。當時的經理叫 Unthank，權力甚大，她決定後沒人敢惹，只能「屈就」。有傳言說她把權放給名叫蘇薩的秘書，是一位澳門葡籍人士。有人醒目，懂得走後門，經常去「拍馬屁」，希望搏好感，弄個好職務。問題是：甚麼是好職務？是容易給上司看得起？還是可以悠閒過日子？各人的理想不一樣，際遇也不一樣，不能強求。

但是我相信，漫長的歲月裏必然有轉折點。以我來說，第一個轉折點就是在 1980 年碰上施德論，要我去做項目，徹底把我的路線圖改變。表面上，我走上一條彎路。但是，卻是難得的機會，學會一路摸索，一路向前走。一句心底話：我還是很感激的。

由於我有機會接近施德論，看過不少滙豐銀行在科技方

面的推進。其中最重要的是 1980 年銀行推出 ATM，中文叫自動提款機。當初不叫 ATM，叫 ETC，全名是 Electronic Teller Cash Machine，取其前三個字的字頭為名，意思很簡單，就是電子櫃員現鈔機。大家肯定要問：以前叫甚麼呢？叫 Cash Dispenser，好像沒有中文翻譯。

大小跟今天的提款機一樣，有的放在外牆，從銀行外邊取款；有的放在大堂，以供取款。顧名思義，Dispenser 就是「發放」現鈔的意思，只能取款，而且是固定的，每次 200 元，不能多，也不能少。還有一樣限制，每天限取一次；今天取過款，要等到明天凌晨零時一分才能取第二次。這麼多的限制，證明當時的技術還不是很完善。

就是因為技術不完善，有些流程是經過人手處理的。比如說，每次取款 200 元，鈔票是裝在一個四方的信封裏。信封約四平方吋，三面封口，只有一面有開口。200 元就是從這個口塞進去，鈔票先要對折，變為四張的厚度。厚度有限制，否則無法由出口出去。信封一個連一個，捲起來有點像一大卷廁紙，每個信封之間有針孔，外邊一扯，信封就斷裂，只會出去一個信封，不會出錯。當然，任何人取款都會有遐想，會不會把信封一串拉出來？當然也只是遐想，從來沒聽過機器出錯，讓人多取幾個信封。

客戶手上有張取款卡，每次使用時，機器會在卡進來的時候打一個印，作為證據，同時把這些憑據讓櫃員扣賬。所以，它是一種非及時的操作，不會馬上扣賬。有人賴賬嗎？當然有，不多，因為當年的社會道德觀很濃厚，一個人不會輕易去騙人。反而，自己出錯倒是有機會，何解？因為鈔票是人手塞進信封的，用的多數是新鈔，很容易多放一張，或少放一張。最怕的就是塞進信封那個人到最後發現只剩下一張鈔票，肯定有個信封少一張。一大卷信封要找出哪個有問題，可不容易。

粗心的員工一不小心就很易出錯，但是又不願意叫一位「好打得」的員工去做這事，有點浪費。說起來，有經驗的人知道，這是一個高危地帶，要看緊，否則容易出錯。

1980 年初，我在希慎道分行做經理，爭取分行率先換上新款 ATM。第一，身處銅鑼灣商業區重要據點，能夠提供嶄新服務，肯定名氣響亮。第二，希慎道分行的業務一直做不起來，一定有原因，要「查找不足」，搞革命。

上年紀的人知道，希慎道位於銅鑼灣與跑馬地之間，可以說是「新錢」與「舊錢」相遇的地方，際遇良多。新錢是指最近一兩年才賺錢的人，舊錢是老早就發跡，手上的錢吃三代都吃不完那種人。甚麼人賺新錢？比如說，我的商業客戶有好幾個做裝修工程，生意好得不得了。不停要銀行開信用證（LC）訂裝修材料，意味着不少人在買房子，要裝修。我從銀行裏面也看得出這個景況，因為不少人上門申請按揭貸款，我做經理吃中午飯都沒空，等見經理的人一個接一個，只能叫阿姨買飯盒，扒兩口繼續。我行的保管箱生意非常旺，全部租出，而且有很長的等待期。為甚麼？因為家裏要裝修，貴重物品沒地方放，最安全就是去銀行開個保管箱。有需要用，才過來拿。一個月三兩百塊錢，很划算。而且，我的同事服務態度良好，深得人心，客戶前來分行有如行「花市」，總是人頭攢動。香港人就是這樣，人氣旺，排長龍也要來。反而，冷清清沒勁。

改革開放，帶給港人新機遇

我的老闆是香港島分行主管，是個老外叫金寶，對我上任原先有點保留，嫌我分行經驗不足，總是對我冷眼旁觀，不是味道。沒想到，半年不到希慎道兩個樣，人頭湧湧，不得不對我刮目相看。其實，不是因為我有甚麼過人之處，只是因為香港大環境有變，經濟向上走，人人投資意欲加強而已。為甚麼？大家要知道。第一，香港在 1974 及 1975 年飽受股災之苦，人人輸錢，多少不等。跟着那幾年，人人悶聲不響，埋頭苦幹，希望把輸掉的錢賺回來。賺回來的錢誰也不敢用，在等機會，希望看到經濟回暖才出手。第二，文革結束了，高考恢復了，而且鄧小平來一個改革開放，以深圳為試點，招徠香港人過去開廠。人工便宜很多，月薪兩百就可以找到工人，而且門口經常有人排隊等見工。香港兩百人的工廠，在深圳可以請兩千人。橫豎手上開始接到美國單，在香港找不到工人，於是搬到深圳，一舉兩得，工人多的是，工資亦便宜。不少人開始賺新時代的第一桶金，回來香港買房子，激活香港沉靜多年的市道。

當時，另外有一樣讓人覺得異樣的舉動，就是華資收購英資企業，其中代表作就是長江實業與環球船務兩筆交易都是由滙豐銀行安排貸款。不是每個人都能看得出其中端倪，或許不少人還沒有從 70 年代的股災恢復，繼續自怨自艾。但是也有人覺得大環境有變化，首先北上開廠搵錢，其次在香港找機會賺一筆。滙豐銀行自然看得出苗頭，廣設分行搶生意。當然還有一樣外人看不到的是銀行開始提拔香港本土的專員，我們

六、七十年代中環金融區的滙豐銀行及中國銀行。
(圖片來源：鄭寶鴻先生)

的大師兄起步階段就是在 80 年代，多數是在貸款部發跡。

我走了「偏路」，自然錯過機會加入炙手可熱的貸款部。但是亡羊補牢，在科技方面做項目，是另類的收穫。這時候，銀行已有傳言：總行老大樓要改造，計劃用 50 億元建設全球最現代化的大樓。試想：滙豐銀行在香港雖然略有名氣，但是在國際市場還不算甚麼。竟然有計劃把自己提升到另一高度，跟其他國際銀行拼一高下，的確讓銀行各同事十分振奮。

1981 年，銀行要拆了。各部門搬去臨時辦公樓，四分五裂，不過都在中環，距離老大樓 5 分鐘路程，計有：業務部門搬去華人行、金門大廈（今日的美國銀行中心）、和記大廈（今天已拆，準備重建）；內部部門（包括科技）搬去鰂魚涌糖廠街一帶。有部分跟重建工作有關的人員及建築師，一起搬到中環東昌大廈。一下子，來一個「合久必分」的局面。

跟施德論在資歷與階級兩方面，相差一代有多。能夠跟他在工作上有近距離互動，是一種禮遇。説實話，有時候日子不好過，「服侍」直老爺不容易，他要求高，往往擊中要害，無法應對。好在他不放在心裏，只要我接受錯誤，他總會給我機會再來過。説他是猛人，有點不恰當。他的言行並不勇猛，但是從他對滙豐銀行的影響力來説，的確是猛人。

第二章

腦子轉彎快
惜壯志未酬

馬素

Clint Marshall

1970 年從倫敦進銀行，一路表現獨特性格，言詞犀利，觸覺敏銳。十年後，調派方法研究部嶄露頭角。銀行求變之際，屢建奇功，大力整頓組織架構，優化流程。馬素順勢而上，1994 年提升為香港區副總經理，三年後外派日本，未克登頂。現已退休，長住英國。

第 9 回

像一把傘，可以擋雨，也可以戳人

上面有好幾回，我一直提到施德論，可能會給大家一個錯覺，以為我跟他只是「一步之遙」。其實不然，在級別上差好多級，只是我被他拉進其發起的項目之內，距離給拉近了，好像是我頂頭上司。這是一個無意的錯失，誤導大家。其實，我們兩人之間，還有一位人士，叫馬素。此人的名字很少在報章、雜誌出現。但是認得他的人，就知道此人不凡。腦子轉得快，接觸面廣泛，膽子大，脾氣壞，跟他鬧意見，肯定跟你過不去。跟他同一陣線，他就好像一把傘，幫你擋雨；跟他有爭執，肯定收起把傘，用尖端來戳你。最簡單一句話，最好跟他保持距離，日子好過。千萬不要跟他鬧彆扭，肯定沒有好結果。

這樣的人做你老闆，可以想像甚麼叫做「伴君如伴虎」，整天忐忑不安。我不知道是我運氣好還是怎樣？跟他在滙豐三次碰頭，都是我的老闆。或許也是他的銀行生涯中唯一能吃得消他的下屬，這句話不誇大，認得我倆的人，一定同意。有人甚至會取笑我，說我倆是「孖生兄弟」，我必須承認，倆人確實有些共通點，才能和平共處。

第一，性格好勝。這毛病兩人都有，不過他比較強烈。如果跟人有爭辯，絕不罷手，一定想辦法讓對方認輸。説得好聽，據理力爭，不過我有時候知道，已經跳出據理力爭，接近強詞奪理，我會退後一步，想想對策。他絕不認輸，弄到兩敗俱傷也在所不惜。做人家老闆，下屬看見他總有些害怕。我大概是習慣了，知道甚麼時候要踩煞車，不過要拿捏很準。

第二，不斷求變。他不願意停下來，總是向前走，説他「學無止境」一定沒錯。記得我在 1982 年到了他的部門，負責「方法研究」，是他手下三個主管其一。他有一個獨特的要求，在下班前要我們三位主管，在一塊釘在牆上的白板寫下：明天想跟自己下屬分享的主意。比如説：我們一週一次在野外上班。寫完才下班，等明天一早討論。人的思維真的是「天空海闊」，為了趕下班，腦子可以逼出各種各樣的想法。最有意思是他絕對認同，他的原則是想得到，就要做得到。

敢交白卷，能人所不能

有好幾樣我必須承認，他敢做，我可不敢。第一，跟老闆開玩笑。記得有一年，大家埋頭在做新一年的預算。好不容易做完，交上去給施德論審批。沒想到，直老爺總有不滿。他

批示不多，只是一個「交叉」，整份文件就退回來。如此這般，來去三、四次，還是回到原點，一籌莫展。最要命的是他沒寫過一個字，不知道他有甚麼不滿意。要猜！這一回，馬素有點火了，已經遞交三次，卻不得要領。是可忍，孰不可忍？於是發揮他的膽識，把幾頁空白的紙作為附件，釘上他寫給施德論的 ML，上面說的是：附上新年計劃，請批示。

就算今天，相信也沒人敢這麼做。我當時知道他的火氣上升，想壓住他，叫他三思。他把我一推，叫專人送去施德論那邊。然後，笑着要大夥一起去喝啤酒。還跟秘書說，我們全部下班了，誰來的電話都不接。（那時候可沒手機）難得他還能談笑自若，一點不當一回事。沒想到，一宿無話，第二天一早，有專人從施德論那邊送文件給他。大家迫不及待想知道有甚麼後果，哄在一起。

也是 ML，上面寫的是：我親愛的馬素，批准。附件有四、五頁，密密麻麻寫了不少東西。有文字，也有數目字。馬素叫人複印，三個主管一人一份，看完跟他說，老人家說甚麼？逕自看報紙去。我那一份東西不多，最主要有三點：流程自動化、文件簡單化，還有開戶全球一體化。不僅是要點，該怎麼做，一步一步很仔細。就是說：不止甚麼，還有怎樣展開做。看完，只有四個字衝上心頭：驚濤裂岸。怎麼可能？貴為科技大老闆，可以把我們「應該」做的事項逐一列舉，而且有時間與金錢的限制。

馬素沒多久，要我們三個人匯報。記得，三個人都沒說甚麼，只是你看我，我看你。心中都是同一句話：是你馬素惹出來的禍！

可是馬素一點沒有錯愕，好像一早就知道直老爺會這樣回答。我想，莫非這就是英雄所見略同，兩個人腦子裏都是同樣的東西？或許是這樣，馬素才不覺得直老爺的要求有甚麼了不起。我至今仍然認為馬素這一招，交白卷給上司，可以說是「能人所不能」，我看此人絕非池中物。

第 10 回

習慣性「神龍不見首尾」

我跟馬素始終是上司與下屬的關係，私底下能夠暢所欲言是另外一回事。其實，我跟他在方法研究部共事是第二次。第一次在 1975 年總行股票部，他只是一名「鬼仔」，大概五年前後的年資，擔任一個組的組長。我則剛升級，從見習專員變為專員，調派總行股票部，碰上馬素向他匯報。作為初級專員，我的工作很簡單，負責客戶追數。注意：不是銀行向客戶追數，相反，是客戶向銀行追數。何解？

買滙豐銀行股票的人，從股票行拿到股票後，往往放在自己的保管箱，以為很安全。沒留意到底股票是用誰的名字在註冊處登記。如果是用滙豐銀行名義登記的，滙豐銀行派發的股息就會寄回銀行，再分發給買股票的人。但是，用私人名義登記的股票應得的股息就會發放給此人。如果買股票的人買進的股票是銀行名義登記的，而沒有交給銀行代收股息的話，股息就會來到銀行，等待買股票的人來追數。我的工作就是要驗明正身，把此人應得的股息交還，不複雜，但是也有一些驗證工作，不能馬虎，搞錯了銀行要負責。

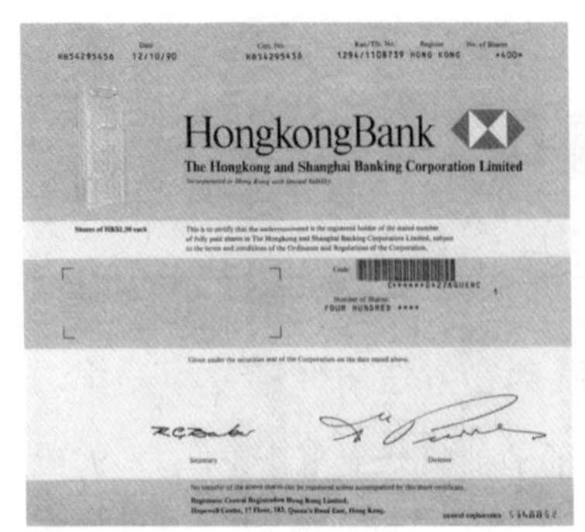

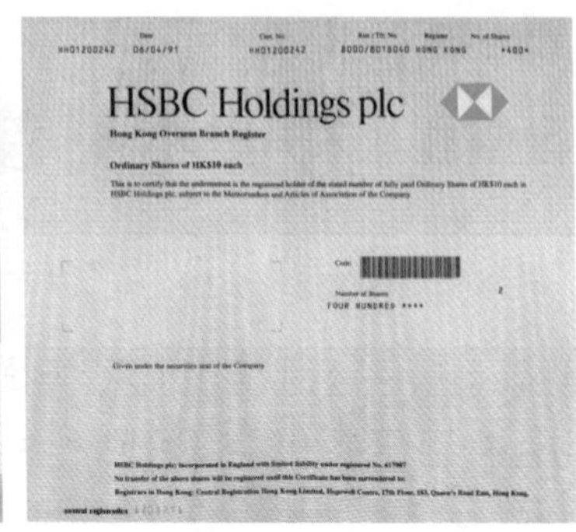

1990 及 1991 年的滙豐股票。
（圖片來源：鄭寶鴻先生）

馬素是我的頂頭上司，不過此人在辦公室習慣性「神龍不見首尾」，經常不知所蹤。只好事事自己看着辦，超額就找另一位上司代簽字。那時候，大家好像一家人，有甚麼來到面前，要簽字就簽字，不會出甚麼問題。最主要看誰準備這份要簽字的文件。當時有個規矩：準備文件的人，在文件最下面一行要打出自己的英文簡稱，比如說，我是 ETSW，全部大寫；打字的人全部小寫，例如張美麗就會是 cml。簽字的人一看就知道誰寫、誰打的，一目了然。

簽字的人一般很快，這邊拿過去，馬上拿回來，已經簽好。我相信簽字的人必然是看誰準備這份文件的，如果此人可信，馬上簽。否則多看兩眼，甚至找點瑕疵，不簽退回。所以

説，當時的專員要有料，才能博取信任。一馬虎，輸名氣，就很難翻身。那時候，還不流行「放飛機」這種形容詞，最流行的是「揸攤」。所以師兄總是勸告後輩不要做「攤王」，將來一定吃虧。

有簽字權的人不一定是 Accountant，只要是部門主管就可以簽。我當時是第二年的專員，沒攀上部門主管的階級，自然沒資格簽字。馬素算是主管可以簽，但是經常搞失蹤。有些文件有時間性，不能等。就算急，我也不能越俎代庖，替他簽。經常乾着急，四處去找他。找他次數多了，自然累積經驗，知道他跑到哪裏去聊天。

P 字打頭最安全，不出錯

比我大四、五歲，名義上還是 Officer，跟他同期的鬼仔不少，而且都在總行。大家天天有説不完的話題，談天説地好不開心，根本不把簽字看作一回事。給他簽字，可以想像，從來不細看內容，從上而下，好像掃描那樣，一兩秒瞄過就算，大筆一揮，就讓我發出去，從不擔心內容是否有錯。這點本事，我一直想學，奈何不是主管，沒資格簽字，所以學不會。

要等到我第三次跟他共事，大概是十多年後的事情，才逐漸摸出頭緒。原來不是沒有看，只是不是每個字都看，有一定的竅門。他說英語有一定的「歸類」，一般 p 字打頭的都是好東西，比如說：policy, program, procedure, people, presentation 等等，沒有敏感而容易引發不良情緒的文字。文件愈多 p 字打頭的字愈安全，不出錯。相反，d 字打頭的都不是好東西，比如說：displeased, discomfort, disease, divided 等等，情緒化而帶有負面信息。有 d 字打頭的字出現就要小心，多看兩眼。換句話說，他從上而下掃描的過程就是在找 d 字打頭的字，沒有的話，錯不了哪裏去，簽了再說。

這可是懶人的道理，不該學。但是自己後來有機會試試看，果然有道理。原來是人人都有精乖的一面，所以馬素在仕途上升得快，不是沒有道理。他的精乖值不值得學習，每個人都有自己的看法。但是從他身上學到一樣東西，不要把自己的時間全花在日常活動之上，英語稱之為 Routine。馬素認為那些工作遲早會由「機械人」代勞，他說的機械人指的是死板的人，只會做死板的事。他認為，人要跳出框框，才有更多時間去追求新的知識，提升自己。

第 11 回

喜歡四處抱打不平

話説 1975 年，我跟馬素在總行股票部一起工作，是我跟他第一次的「邂逅」。我管一個小組，英語叫 Section。他管三個小組，我是其一，專做股票追息。他上面還有一位 Accountant，叫納皮亞，有關股票的事物，全歸他負責；整天坐在一間玻璃房裏面，悶聲不響看報紙，一派「神聖不可侵犯」的樣子。的確，我們一般人把他的辦公室視為禁區，不敢接近。

我日常工作一般自己搞，如果有難度找馬素。但是他經常搞失蹤，一去半天，只好自己看着辦，除了簽字沒辦法，要找另一個人代簽。此人叫蘇薩，分管其他小組，頗有名望。他是資深葡萄牙籍人士，俗稱（略有不敬）格拉友，這類人物當年在滙豐頗有名望，頗有地位。

馬素這個人有點江湖味，或許能解釋他為甚麼經常搞失蹤，就是因為他喜歡四處「抱打不平」，為別人出氣。雖然身材很一般，以外國人來説，算小個子。他也明白這一點，奉行君子「動口不動手」的原則，靠嘴皮子打口水戰。他有一個綽號，叫「騎師」，因為他在週六大家穿「便服」的時候，總是藍色上裝，配一條緊身白褲。看上去活像跑馬地的騎師，加上小個子，難怪有人背後偷偷叫他騎師，當面還是稱他為馬素先生。

好打不平，經常惹事的人在滙豐肯定沒有好結果。要麼給上面調到「山旮旯」的地方，比如說中東地區，或許南洋某個小國家，吃幾年苦頭再說。吃不消，自動告退，從此以後就不再出現。吃得消，或吃得開的人幾年後重出江湖，又是一條好漢。果然如此，馬素沒多久就被調離股票部，聽說去了馬來西亞，照樣扮演「江湖大佬」，依舊威風。

跟他在一起工作，有點感受。他比我大五年左右，我當時 25 歲，他應該 30 歲。調來香港五年左右，雖然對我算不錯，從來沒有「劃花」我的紀錄，説我不堪造就那些話。平時也甚少有比較「交心」的交流，相處接近兩年，我不知道他從哪裏來？也不知道他家中還有誰？為甚麼跑到滙豐銀行？只知道他「嫉惡如仇」，看不順眼的事情讓他覺得必然要出手相助。説他有一種「反叛」心態，有點像，但是有點不公平，因為他不是無理取鬧。

他有他做人的道理，不畏強權是其一，不欺小輩是其二。當時有些外派員來香港，正是相反：欺下怕上，很討人厭。可以理解，不少本地員工，多數聽話，喜歡息事寧人，退縮不前的結果，造成外來人的輕視，甚至欺負。當時，包括我自己在內，對於外來人還是抱着一種「敬而遠之」的態度。不想，也不敢太接近。不過我喜歡冷眼旁觀，對外來人有種好奇。離鄉背井，遠道而來，必然有所期盼？看來卻又不像，難道只是來混日子？

我有我的工作態度：不溫不火，不卑不亢。該做的事不推諉，該説的話説清楚。手瓜硬，但是不會先動手，只是擺出姿勢，讓人知道不好欺負。跟馬素在某個程度上有點相似，就是一點不像：他喜歡跟人過不去。我覺得他屬於一種好打不平的性格，可能是一種防身之道的激進版。在他經常性的據理力爭，讓我學會如何跟人過招。這種「技巧」當年甚為有用，因為其他本地同事大多數是怕事一族，態度上總是「是、是、是」，很少説「不、不、不」。最多，背後罵髒話算是出口氣。久而久之，給外來人看不起，以後就很難抬得起頭。可惜，看通這一點的本地專員並不多。

第 12 回

人鬼殊途，最好保持距離

跟馬素工作上有來往的同事，對他的評價一般是負面的。不是想為他講好話，我只是覺得大家對他認識不深，難免有點錯覺。首先，我們要理解，他是國際專員。20 來歲的年輕人離鄉背井來到亞洲，必須養成自力更生的習慣，最重要是盡快學會如何保護自己。如果碰上別人不懷好意，有意衝撞的話，自己如何回應很重要。在張牙舞爪與低頭不語之間，我相信他會採取前者，起碼可以嚇唬不善的來者。

第二點，本地人，包括地方專員，多數是怕事一族，很少跟他們對話，更不要說交談。所謂「人鬼殊途」是大家深信不疑的看法，最好保持一定距離，不相來往。所以外派人員對本地人與事的了解很有限，最多學會幾句粵語粗話，問候別人娘親；其他的習俗很少過問，比如說，端午節為甚麼要吃粽子？管他，只知道放假一天就好。相互不了解很正常，我們那些非文職人員都把國際專員叫「死鬼」，年紀大的叫「死鬼佬」，年紀輕的叫「死鬼仔」。

我覺得，馬素有一種特別的地方，就是喜歡「抬槓」。不

過目標不是跟本地人，相反是自己人。大家或許會認為，手指拗出不拗入，怎麼會有自己人互相抬槓？這就是馬素特別的地方，他喜歡據理力爭，不過他也講道理，有話直説，有時候讓當時的大佬官無言以對。可以想像，他這樣的性格有如俗話所説：遲早丸（遲早完的諧音）。大家都等着看好戲，看馬素甚麼時候給炒掉，回英國啃薯仔。

但是這事總是沒發生，雖然最終還是要調離香港，去了馬來西亞。這裏面，到底葫蘆裏賣甚麼藥，不容易看清楚。第一個可能性：他有背景，別人不敢動他。看來不似，因為我在他附近從來沒有聽他説過，他爸是誰？他的家族跟哪個政要有關係？第二個可能性：他內部有人「照」。照是我們的俗話，説人有後台的意思。我也不覺得，反而我覺得他的「牙齒印」太多，隨時自討苦吃。第三個可能性：年輕人彼此的爭拗很正常，銀行高層根本不當一回事，只要是「對事不對人」，口頭上、文字上相互攻擊，不是甚麼問題。

第三個可能性給我一點啟示，説出自己看法，甚至有點「殺傷力」也沒關係，要對方想辦法來跟我周旋。還有一點啟示，就是彼此有甚麼爭拗，一到下午5時半在酒吧喝啤酒，就好像大事化小，小事化無，沒有一點過節，很有意思。這一點，我在滙豐總是聽到其他師兄關照，有甚麼事忍住好過發作，尤其跟外來勢力搏鬥，吃虧的是自己，何苦呢？但是看起來，像馬素平日的所作所為，又好像師兄們說得不對。

七樓酒吧，杯酒釋恩仇

難道喝啤酒是解決紛爭的媒介？我在想。也很想到酒吧喝一杯，體會一下是怎樣的感覺。但是師兄們又有提示，酒吧那種地方咱們香港人最好別去，因為老外說的東西我們搞不懂，英語不好很容易獻醜。明知山有虎，偏向虎山行。不去過又怎麼知道人家在幹甚麼？為何天天 5 時半就聚在一起，要拖到 7 時半才各自回家？

終於看準機會，有天請馬素帶路，上去舊滙豐七樓的酒吧。人不多，大概五、六個圍在酒吧旁站着。我們一到，大家騰出地方，繼續聊天。馬素醒目，直接把我介紹給大家，說我要請大家喝一杯。酒吧上的侍仔（就是英語的 Boy）自然懂，馬上就根據每個人喝的啤酒，一人來一杯放旁邊。接着給我一張單，簽個字就行。原來有點像「買路錢」，給了這一輪，一晚無憂，下一輪是後來者付賬。馬上學會竅門，愈早來愈好，因為人數不多。到了 7 時才來，人擠滿了吧台，要付賬

肯定吃虧。一般人也不計較，來晚了悶聲不響照付。

人一多，三五成羣各自聊起來，很少十多個人講同樣的題目。老實説，咱們的確有點吃虧，交談的題目不多，聽多過講。但是不想讓人以為自己説不來英語，平時找好題目，包括笑話，等到喝酒就可以發揮。馬素一開口就停不下來，笑話多，八卦新聞也多，自然受歡迎。今天大家有甚麼過不去，老早忘記，不會放在心上，這一點真的值得學習。

跟馬素工作，可以見識他的功夫，腦子快，變通快，逆轉也很快。自己知道學不會，但是看他「表演」，怎樣從下風轉為上風，認真佩服。他還有一樣本事，跟葡萄牙籍同事一樣合得來，似乎還懂幾句葡萄牙話，跟葡萄牙籍同事關係很好。先讓我解釋，葡萄牙籍同事大部分由澳門移居香港，當然也有老一輩人真的不遠千里搬到香港。説起來，好像有真假之分，真的從葡萄牙移居香港，假的從澳門過來。不過我們香港同事不會打破砂鍋問到篤，知道對方乃葡萄牙人士就好。

為甚麼要敬而遠之呢？有好幾個原因：第一，他們比較合羣，自己人的概念比較強，外人打不進去。我們不得不保持距離。第二，他們級別較高，要麼是專員，不然就是主任

(Supervisor)，比我們一般文職人員高一至兩級，大家自然會覺得避之則吉。第三，老實說，彼此間，沒甚麼好傾談的。他們一碰上自己人，馬上出動葡萄牙語，我們很難插話。各自為政很正常，他們也不介意。所以銀行內基本上有三類人種：英國人 5%，葡籍人 3%，其餘香港人。講專員的話，沒有人做過統計。按我非正式觀察，大概是 5：4：1 這樣的比例，香港最多，英國第二，最少是葡籍人士。

剛才說到主任，我要解釋一下，因為這一級別的人很重要，必須重視。滙豐銀行的級別體系不難理解，有一批專員，不管是不是本地人，逐步成為小組組長（Section Head）或部門主管（Department Head），按年資來分高低級別。由於專員兩、三年要調動，經驗不易累積，處理檯面事務自有不足。主要目的是用來「擺」的，讓人知道，這地方有人管的。真正管理工作其實落在一班主任身上，他們彼此之間分三級，分別是 Junior、Full 及 Senior。初級大概是五至十年的年資，再上去要有十至二十年年資，跟着是二十年以上。可以想像，有二十年管人、管事的經驗，這人真的很本事，幾乎是無事不通。我們這班年輕專員一定要靠主任頂住，他們有經驗，該怎麼應對心中有數。

跟葡籍主任學師，離台三尺

滙豐銀行的發展，他們首記一功。比如說，在某大分行的儲蓄部，一定有位專員，有內部簽字權；另外還有一至兩位主任，幫專員打點一切。他們不僅熟悉銀行程序，甚麼事做完輪到甚麼事馬上要跟進，他們瞭如指掌。我們年輕一輩的專員有個說法：主任先簽名，他們簽後專員簽，就不會出問題。這是金科玉律，不要踩出線。可以理解，當年主任看不起專員，認為都是「無料」之人，不是沒有道理。

葡萄牙人不少是主任級人物，尤其是在進出口部門。進出口業務比其他銀行業務來得複雜，其中不少奧妙之處，要有足夠經驗才能處理得當。但是專員調動頻密，哪有經驗？只能靠那些葡籍主任來處理，有十多年同類經驗，自然駕輕就熟。同時，難免對專員有點意見。事情做不來，還要來到做上級，心有不甘。所以跟我們很少有交流，做專員慘，做見習專員更慘，遭人白眼。我在學習過程中就試過，坐在一位葡籍主任旁邊的凳子上看文件。這人很爽直，把話說在前頭，他不會跟我講話，所以要我「離台三尺」，好像看人下棋那樣。文件只能是那些 snag 單，就是搞不清楚那一類，搞不清楚就沒甚麼問題要問，他就樂得清閒。

跟馬素學會一招，應對葡籍人士，他喜歡主動出擊。人不找他，他找人，以聊天為主。那時候，銀行沒有限制抽煙，他一過去就奉煙，起碼可以談一根煙的時間。他的八卦新聞值錢，尤其是酒吧聽回來的。葡籍人士也是一樣，喜歡八卦新聞，所以馬素在葡籍人士之間很吃得開。他四處串門的結果，順理成章建立一個葡籍朋友圈。在銀行工作，有人説你閒話不是好事，相反，有人為你説好話，總不吃虧。在股票部，有位主管叫蘇薩，算是葡籍人士中一位高級人馬，跟馬素很要好，連帶對我這個小組也很好，有點像「護法」，有啥事情要擺平，他一出馬包搞定。

馬素這一招叫做廣結人緣，很有啟示。後來，他成為每年葡籍人士退休晚會的主持人，好不威風。他有他的道理，結交有用的人，將來總會有用。無用之人，算了吧。

第 13 回

六年後重逢，馬素掌舵研究部

1975 年跟馬素在股票部話別，等到 1981 年才再碰上他。那是在總部的方法研究部，我剛完成施德論給我的印支票簿項目，正是興致勃勃之際，接獲另外一個項目。也是歸施德論統籌，不過掛單在馬素那個部門。換句話説，施是總舵手，全權負責；馬是監督人，負責進度；而我是執行人，負責完成項目。

是甚麼項目？施德論要我把集團內所有表格全面檢視、整改、從而制定一套全新版本。集團是指在香港的單元，有銀行，有保險，還有財務公司。原來，所有在港集團的所有表格都是由方法研究部負責制定，多年沒檢視，不少已經過時，的確需要整改。全套表格共有 6,600 張，目的是希望一年內減少一半。有的可以廢除，有的可以簡化，有的可以拼攏，二變一。給我兩位主任，説多不多，説少不少。其餘兩位美工，負責表格設計，合共五人。可以説是最不起眼的工作，但是很繁複。因為每一張表格都必須了解表格為何存在，而表格代表一個流程，要細心研究程序才能判斷如何整改。

6,600 張表格好像不多，但是不少有複雜性。例如，信用證的申請表就夠複雜，需要客戶填寫 20 多樣信息，是不是每樣信息都有必要？不一定。但是一定要熟悉整個流程，才能確定甚麼信息可以不要。大家可以想像，以前設計表格的人一定是抱着一種「寧多毋少」的概念：要多一點信息總好過要少。由於要多信息，結果表格不夠位置，於是把位置縮小，寫不下。最明顯的例子就是地址，一般只有一點點，但是地址很長，格子裝不下，令人討厭。不信，下次有機會看看我説得是否正確。

問題的成因很簡單，設計表格的人沒有實戰經驗，沒有「模擬」現實生活中用這張表格是怎麼一回事。地址那一格如果只能寫下街道的名字，其他幾號、幾樓都寫不下，是不是令人煩厭。光是要整改地址這一格的表格佔多數，可見當年的設計有多大的失誤。不過要整改地址一欄是小事，要決定其他信息是否有必要就要花點時間，甚至要去請教師傅級人馬：表格所代表的流程。有不少信息表面上看，有就好，但並非必要。英語就能分得清楚，前者是 Desirable，而後者是 Essential，兩者稍有區別。好像問我哪家大學畢業，給我一個小格子，我自然填上香港中文大學。如果再給我一個小格子要我填上所修的學科，那就很可能屬於不必要的信息，問來沒有

實際效用。

要求高，就是善意的挑剔

我看過別家銀行要求客戶在開戶表格上填上年齡，我就有點懵，年紀要來幹甚麼？還有其他不少例子，顯示設計表格的人不在意時間的浪費。試想：長期下來，客戶被我們自己的員工浪費多少時間？當然我說的情況是 30 多年前的事情，今天要再來一次整改，可能會把不少表格電子化，根本不需要紙張表格。

說到浪費時間，其實設計有問題的表格同時浪費金錢。大家可能不知道，表格所用的紙張，其大小有一定規格，平時見到最大的是 A3，縮小一半是 A4，再一半是 A5，最怕的是某一種表格以前一路用一個不標準的紙張，比如說大過 A5，不過小過 A4。那就麻煩了，印刷公司不管，照樣剪裁。把 A4 紙切開來印，一方面手工複雜，另一方面紙張浪費不少。不知道的人照樣要求跟足以前的尺寸，但是印刷公司卻之不恭，結果貴很多。這類的表格也有不少，要速速整改。

我當時掛單在馬素的部門，他很少理會我工作上的進度。不過他這人喜歡「搞事」，經常挑剔我們整改完的製成品，這裡不好，那裏不好，總之沒有好的。可是不怪他，他是蠻有道理的，就是因為他本事，眼睛雪亮，喜歡找麻煩。我幾年前已經嚐過他這一套，不以為奇。

他的思維與舉動給我很大的影響。我也喜歡挑剔，但是出自好意。喜歡跟我工作的人，就很喜歡，説我要求高是好事；不喜歡的自然不喜歡，嫌我話多，不是好的老闆。

第 14 回

銀行許多事情要整改

馬素不放過任何機會去「搞人」，但是不一定是壞事。他有點像那種特別活躍的「大孩子」，不過不是手腳不停，而是腦子不停。只要你敢盯着他看，就可以看到他的眼睛在眨，説明他的腦子不停在轉，説得俗氣，一定在動腦筋。

既然我在整改表格，對他來説，這事情太簡單，沒有刺激。他總覺得滙豐銀行有許許多多的事情要整改，他一個人做不完，有我在旁，起碼有個「廖化」可以做先鋒。而且知道我的性格，兵來將擋，不會推卻，更不會退卻。我們倆人開始「最佳拍檔」的工作關係。

給我甚麼項目？都是跟紙有關係。第一個，把銀行的匯票升格。第二個，趁銀行鈔票還沒改印刷廠之前，去「考察」原有印鈔廠的技術，積累經驗以備不時之需。第一個項目跟我沒多久前搞過的印刷支票的項目有關，只不過是把支票換為匯票而已，這次不用我來印，只是要我加入最新的防偽設計而已。一開始，我覺得有點難為我，我不過是銀行「一介書生」，懂甚麼防偽技術？簡直是「問道於盲」！但是回頭想，我只是一名代表，去考察印鈔廠，學一些皮毛回來就可以「扮代表」，何樂不為？

說白了，兩個項目有相關性，前者要去設計滙豐銀行的新款匯票，內含改良的防偽技術；後者去印鈔廠考察人家的先進技術。聽起來好像沒甚麼難點，厚着臉皮多問問題，「長知識」應該不難。想想，會不會是馬素「挑我一把」？給我一張好牌。我不想多想，有機會出去看看這世界的另一邊，對我這樣年紀的人來說，總是好事。

一口答應馬素，等於說，手上一下子有三項工作。表格的整改不容怠慢，繼續加班加點。新匯票的設計也不難，不過設計分兩塊，首先是表面的美感，其次是內含的防偽技術。前者有美工幫忙，後者要等我到倫敦考察才有結果。

防偽技術高超，嘆為觀止

或許有人不懂甚麼叫匯票。英語叫 Demand Draft，是客戶到銀行買一張銀行發的支票，寄到海外的收款人，等到收款人收到之後，存進他的銀行，委託銀行收款。等於說是銀行的支票，照規矩一定有錢，不用擔心。就是等於現金，寄到海外

而已。所以匯票的設計必須內藏防偽技術，怕壞人篡改。由於是銀行機密，我就不能隨便公開。但是，從印鈔廠那邊學會不少先進技術，可以説是嘆為觀止。

篡改是不是一定做不到？問題在於技術上要花多少錢。如果説篡改的成本遠比收益高，何必費這個勁呢？或許因為收益是個未知數，壞人就想搏一把。不過，這些年頭，大規模的假冒已經不常見。主要因為防偽技術不斷進步，讓壞人知難而退。從銀行角度，願意花多少錢來保障自己，以求萬無一失？一句話：「多花錢，多用心思，就很難給人假冒或篡改。」

當年出台的匯票不久前還在用，很有滿足感，算是歷久常新。新的鈔票印製廠後來在大埔工業邨開業，取代原來那一家。要我説老實話，我覺得新不如舊。甚麼原因？主觀而已。

不能不承認，馬素膽子大。根據我近距離的接觸與觀察，有幾點值得一提：第一，性格使然。他覺得據理力爭是必須的。我們在香港，一路習慣隨遇而安，有不爽的事情一口吞下去就是，不想搞起紛爭。大家的習慣，把我們弄成忍氣吞聲的一羣。馬素覺得對，就去做，對於階級意識看得很輕。奇怪的是，上面對他的「先斬後奏」的行為似乎甚為忍讓。甚麼原因？我一直沒有明確的答案。

對有靠山的人，敬而遠之

看到馬素好像有恃無恐，做事獨斷獨行，不怕「領嘢」，自然有人下結論：「此人有靠山。」讓人奇怪，我們對有靠山的人，反而是「敬而遠之」，不敢靠近。我是少數例外的人，我不是想拍馬屁，希望攀上甚麼關係。只是覺得此人值得學習，比如說，他就有一種「用人不疑，疑人不用」的精神。

記得我在方法研究部掛單的日子，有三位主任級的同事，大概是不喜歡馬素那種「快刀斬亂麻」的手法，說做就做，結果集體要求調職。要求調職在滙豐算是少見的現象，一般是逆來順受，不會吭聲。這三個人肯定對馬素認識有限，或許認為馬素動了他們的乳酪，打破了他們的安樂窩，希望另覓新天地，所以想到調職，一走了之。馬素的性格最不喜歡他的下屬有離心，好，二話不說，馬上叫人事部收人，把他們三個立馬趕出門，把我們嚇壞，因為我們一向以「息事寧人」態度做人，有事慢慢講。沒想到馬素一下子出殺手鐧。

或許要講講馬素的「前任」，他叫李德，官拜Accountant，屬部門老大，有一點身份。自然下面人也有殊榮，覺得自己固有那一套吃得開，有事慢慢來，你急我不急。跟以前政府員工一樣，沒有急事急辦的概念。馬素一來，隨時把別人的時間表搞亂，你想先做這個，他一插手，叫你換目標，先做那個。所謂「轉速高」，就是這個樣。一方面，我很佩服他；另一方面，要自己審慎做事。古有名言：伴君如伴虎，小心為上。

這樣形容馬素有點不公平。他這個人只是敵我分明，有點像咱們中國人的思維，非敵即友，或反過來，非友即敵。只要你跟他思維一致，就是朋友。搞對抗，沒好處。但是他沒有壞心腸，就是做事要爽快，不能拖。認為要做的事先做再說，要有膽識。可以想像，當年的滙豐，不少人打工就是想過安穩日子，因為滙豐糧期準，工作壓力不大。誰也不能來動自己面前的乳酪，這就是真理。馬素就是一個專門動人乳酪的人，吃不消就避開他。

滙豐的不成文規矩

我跟馬素的兩次「賓主」關係，大家稍有默契。簡單來說，要罵也會給我面子，罵少兩句。說到罵人，滙豐銀行的罵人，有一定的規矩，而且是不成文的規矩。可以說，從來不會出現「F」打頭的字，也沒有「D」字打頭的字。他們到了某個級別，就很看重自己的出身，出身改不了，是鄉下人就是鄉下人，怎麼改？唯一可以改的是自己的語言與行為。講話用到哪些字，就顯露自己的出身。他們有個字來形容別人不能上「大場面」，叫人 Peasant，意思是指人鄉下佬。

聽馬素等人講得多，自然心中有數，怎樣的人屬於鄉下佬，一目了然。很難一語中的，要多番琢磨才能逐漸體會。舉個例，某人行為良好，從來不講粗話，但是身上穿一套咖啡色西裝，肯定被人稱為「鄉下人」。不穿黑襪子、黑鞋子肯定有此稱號，屢試不爽。當然，有時候穿綠色的愛爾蘭人有特權，不會有鄉下人稱號。但是身穿綠色西裝，本身就揹上一個隱形稱號。

甚麼顏色的西裝才算正式呢？很簡單，深藍色，淨色或有白色條紋。黑色有點懸，因為會給上級拿來開玩笑，參加婚禮呀？記得在股票部，有位等升級的老二，某一天穿了全黑的西裝上班，大概是有儀式要參加。老大直接問他，為甚麼全黑？他就說晚上有派對。結果老大不客氣，就叫他馬上回家換，說黑色上班不恰當。對不對？別管。老大說了算，別人不

敢抬槓。不過，現在回頭想，老大也不是不對，國有國法，家有家規，滙豐始終有一套規矩，大家按規矩做事。

第 15 回

喜歡調侃，冷嘲熱諷很平常

表格整改的項目不難，弄了一年左右，把整個集團的表格研究、修改一次。不是完美，也算是不錯的結果。紙張大小，紙張厚度，所有信息都整理過，目標是減半，不負眾望，6,600 份結果剩下 3,200 份表格。更重要的是每年花在表格上的費用，大約節省 60%，數字我就不公開了。俗語説：「小數怕長計」，有點道理。

等我向馬素報告結果的時候，他又是那一套「沒甚麼了不起」的腔調。不是不欣賞，只是擔心過兩年左右，表格又會繁衍，回到原點，我們一年來的勞苦變為徒勞無功。真是「狗嘴吐不出象牙」，在大家興高采烈之際，他來一招潑冷水，真掃興。我能理解，這是某些老外專員的特色，能挖苦就挖苦，能調侃就調侃，總之口頭上不饒人。

我有點火氣，暫時扮演老外，直接問他為何如此摳門，讚美的話一句沒有，反而滿嘴都是冷嘲熱諷？他的回答很有意思：「你算是個『老外』，開得起玩笑。」我算是老外，啥意思？我明明是香港土生土長，怎麼變為老外呢？不理解。他

這話其實很有意思，在後來的日子，我才逐漸摸明白他的含意。不是褒，也不是貶，是馬素心中的話。

表格這個項目做完，匯票加添防偽也做完，應該兩手空空，等人事部把我調回業務那邊。我不想長期做項目，愈走愈遠，回去做業務會有困難。沒想到，就是因為整改表格的項目，讓我對紙張發生興趣，馬素説要留住我，加入滙豐銀行當年的一個特別項目。我來告訴大家：為甚麼在 1980 年至 1985 年之間有這麼多項目？我親身體驗的有：支票簿的電腦化，節省分行用地；表格整改，節省分行成本；匯票加強防偽，為國際化鋪墊；總行拆卸重建，表明立場，長期在港發展；分行數目大幅增加，利便本地居民。林林總總，都有內含的意義。可以用四個字來總結：去舊迎新。

沈弼帶領滙豐進入新時代

當年的主席叫沈弼（Sandberg），立志創新，要把滙豐帶入新時代，成為名正言順的國際銀行。第一樣要做的事，就是本地化。把香港作為一個核心，從這裏向外輻射。本地化最大得益者有四：滙豐股票持有人、本地華資企業、香港新舊客戶及本地員工。有明顯結果：滙豐股價不斷上揚；本地華資企業，冒出頭來跟英資競爭；客戶認定滙豐乃香港龍頭大哥，樂意幫襯；最後，本地員工得到抬頭機會，因為正是用人之際。

我當時就能感覺到銀行開始轉向，不僅靠海外外派人員，不少本地專員亦獲得提拔。最明顯的是工資與福利的調整，目的就是加強合力，留下來為銀行打拼。最有吸引力的是提供房屋貸款，利息低至 2%，肯定全港最優惠，讓其他同業羨慕不已。不少本地專員以及員工趁機購入住房，雖然購買力度有限，買一套太古城兩房 675 平方呎的單位不是難事。有房住，自然安心工作。加上升級機會不斷出現，讓師兄師姐跟海外專員並駕齊驅，華人之光不斷出現。

對我來説，年資稍遜，不能攀比。但是銀行開放、改革的決心，提供了希望，帶來了憧憬。這五年帶給銀行無限的活力，有幸我能身處其中，

第三章

運籌帷幄
建新總行扎根香港

沈弼

Michael Sandberg

1977 至 1986 年滙豐銀行主席，創造輝煌歷史。立意建基香港，斥資 50 億港元重建總行，當年是全球設計最先進、最昂貴的大廈。強調長期發展，倡導透明公開，扶持華資企業，提拔本地員工，宣揚扎根香港的意願，標誌滙豐近代史重要里程碑。

第 16 回

沈弼帶領滙豐奠定基礎

我認為，1980-1985 年是滙豐銀行的光輝歲月。為將來的發展全力以赴，當時的主席沈弼應記一大功。對香港市民、股東與員工，他的決定證明有遠見，夠果斷，具備魄力，為滙豐銀行開闢新天地。

以外國人來説，沈弼身材不算高大。但是他在人羣中總顯得很突出，那是因為他有一頭淺金色頭髮？還是因為他為人輕鬆，總是笑口常開？説白了，我當時根本沒機會在辦公場所看到他。他的辦公室在老大樓的 M 字，M 字樓是大班的所在地。他自己還有獨立電梯，其他人不准用。大家一定會問：「萬一有人不小心（或故意）跑進去會怎樣？」沒有怎樣。萬一碰上他也進來，會怎樣？聽説他從來沒有叫人出去，只是向你笑笑。

我沒親眼看過，不敢確認。我倒親眼看過沈弼吃完午餐，在太子行附近蹓躂。手插在褲袋裏，很輕鬆。看到認識的人，總會笑笑打招呼。我試過走前，輕輕叫一聲：「主席。」他也很客氣，馬上回禮，説聲 Hi。看他如此輕鬆，有兩個感覺：第一，主席沒甚麼事做，粵語叫做「行行企企」，開完董事會就大功告成，等下一次開會才有事。第二，主席只是發號施令，其他執行工作全由下面的人搞定，平時閒來無事。

不過我知道，滙豐銀行的主席身兼兩職，是主席，開董事會，應付董事；又是首席執行官，做事、管人全扛在身上。滙豐銀行高層都是這樣，不管甚麼事，總是喜歡自己（或自己人）來搞，所以很少聘用諮詢公司。這種作風一直不改，直到 90 年代才首見。當年年輕的我看到主席，自然有莫名的恐懼與興奮（老實說，後者多於前者）。讓人費解的是他的外表，並沒有給人「神聖不可侵犯」的感覺。

建築大師的跨時空設計

除了在中環馬路上的偶遇，平時很少看到他。直到我在 1984 年接手做總行重建項目的時候，終於有幸可以在大型會議上從遠處見到他。比如說，建築師派代表過來給主席解釋某些事情，他就會出現，坐在前排聽講解。在項目開始不久，科士打（Foster）解釋一些重要的設計原則。雖然他當時尚未成名，但這人不由人不讚賞。他先講給你聽其設計是怎樣的，卻不讓你看。但是講完之後，把實物給你看，跟原先的想像可以

一模一樣。

記得他解釋員工的寫字桌，他的設計是要把幾張桌子拼在一起，大家可以共用彼此之間的空間，造成空間上的節省。他有實物給人看，但是要等到他講解完才給人看。看事物就好像「夢幻成真」，就跟他講的一樣。連體的桌子很實用，也很劃時代，其他銀行一定沒有。而且，桌子的排列，全部跟大樓的窗戶成直角，讓自然光線可以投入。一方面不傷眼，另一方面節省能源。聽說新大樓根據這種設計可以省下 25% 的電費，可不是小錢。

節約能源是新大樓的特色，聽完科士打的講解之後，沈弼站出來，面帶笑容告訴大家，節約能源是銀行工作目標，包括貸款在內，能夠節約能源的生意應該得到銀行優先考慮，甚至可以在利息上提供優惠。對我來說，根本沒有這種宏觀的視野，只是關心如何把工作盡快完成。現在回頭想，能有主席在那個時候（足足 35 年前）講這種前瞻性的指示，不敢相信。

沈弼的話對我負責的項目，有革命性的啟示；不是把桌子擠進每層樓的空間就算搞定，如何配合節約能源的宏願更重要。同時，也讓我學會更全面地觀看事情，滙豐銀行的新總行大樓就是一個典型的例子，沈弼的價值觀值得欽佩。

第 17 回

膽大心細臉皮厚，與人過招

沈弼拍板要重建滙豐大樓，耗資 50 億港元，當時是全球最貴的大樓，實在令人佩服。首先，九七很快到來，香港會是怎樣？當時沒人能説的準。花這麼多錢，應該不應該？堪思量。其次，香港經濟剛剛從 70 年代股災中復甦，能有持續性發展嗎？再者，畢竟是一大筆錢，怎麼控制？怎麼保證如期完工？對於蓋大樓，銀行內各人都是門外漢，不能一拍胸口就開步走。

話雖如此，滙豐銀行的頂層還是決定去馬。1981 年拆卸，所有部門遷移到其他地方辦公。1982 年動工，目標是 1985 年 5 月完工，一天也不能延誤。聘用科士打也是神來之筆，第一，當時名氣不算響噹噹。第二，一開步就要走下去，用錯人就慘了。

我參與新大樓的建設讓人始料不及，一個銀行內的所謂專員，30 來歲，對建築一竅不通，就要接管內部擺設的設計。誰決定用我，責任很大。（原來的建築師半途做了逃兵，回英國後再也沒回來，我是臨時被徵召入伍的）可以想像，不外乎施德論與馬素兩人。前者是銀行內這項目的主持人，後者負責銀行的運營與大樓實用性的有機結合。把我徵召，是想用我「膽大心細臉皮厚」的個性來跟其他準備進駐新大樓的3,300位同仁「過招」。

為甚麼是過招？因為幾乎每個人都希望自己在新大樓佔據更好、更多的地方。這是人性，幾乎沒有人會說：「隨便，給甚麼就甚麼。」所謂更好，就是高層、有海景、地方寬敞、私密性高等要求。但是在面積的要求上，肯定失望，因為把過去與將來員工佔用的總面積比較，會縮小30%。一句話，沒有人會有優惠，因為既定的「設計原則」已經規定好每個人根據官階與實際需求配給面積。一般想要大一點面積的人都是經理級別的人物，尤其是Accountant或以上的高層。

設計原則打破私密性

可惜，有獨立辦公室的人比以前為少（否則怎麼能夠省下30%面積）。舉個例，稽核部（即內地的審計）以前有40間辦公室，原因是工作的私密性，必須「隱居」，不給他人接觸其審閱的文件。在新的「設計原則」，私密性被打破，原因是銀行工作都有私密性，全部私密就代表沒有私密性。最多把整

個部門「封鎖」，外人不能進入，以求私密性。結果，減至三間辦公室，而且比以前為小。可以想像，沒人高興，甚至大動肝火，幾乎罷工收場。所以新大樓並沒有帶給我們太多的喜悦，起碼分配的面積大大縮水，所謂私密性也去掉，就好像到海灘「裸泳」，不喜歡！

可以想像，在我為各部門做設計的時候，所面對的不合作態度，包括不同形式的調侃、挖苦、抵制、嘲笑，甚至謾罵，總之沒有友好態度。一般我會「曉以大義」，有可能就循循善誘，再不然威逼利誘，總之為完成任務，無所不用其極，力求兩個星期完成一層樓的設計。

整棟樓 3,300 人，分佈在 30 層樓（不含餐飲），每層平均超過 100 人，非常擠迫，要幫每層樓設計優雅的辦公場所幾乎不可能。有時候，自己覺得不好意思，因為的確有點像「填鴨式」的擺設。説得難聽，全部塞進去就好。據我從建築師那邊得到的小道消息，最理想是 2,800 人，就可以充分體現科士打心目中的想法：利用空間體現開放式辦公室的優點，大家可以就地討論，發揮團隊精神。不像律師樓那樣，全由文件鋪蓋，不見天日。

可以想像，我的日子不好過。誰會賣我賬？而且我的官階不高，那些喜歡以大欺小的高層（外國人為多），給我臉色看是經常事。本地的大師兄、大師姐好很多，總是表現出「逆來順受」的美德，不搶也不爭，要簽字就簽字認可，很少鬧意見。所以工作難度減少很多，不過其餘的日子真是有苦難言。

第 18 回

新大樓隨時可改的特色

新大樓雖然名氣很大，起碼世界最貴的大樓當之無愧。但是，在設計期間，大部分人對他不是很滿意。很明顯，地方比以前縮小，更不爽的是開放式的安排。你能看到我，我能看到你，沒勁！以前不一樣，大家有機會「躲」在自己的辦公室，好自由，你不煩我，我不煩你。人總是喜歡「閉關自守」，有意無意擺出一種神聖不可侵犯的格調。

還有一樣讓那些有辦公室的高層不爽：辦公室不能放在窗邊，等於說沒有景觀。不過有一個例外，就是全層都是辦公室，例如香港總管理處，全是應該有獨立辦公室的高層。為甚麼安排辦公室要放置在大樓的中部？就是希望把窗邊的景觀與自然光留給其他員工，增加他們對辦公場所的滿意度。有道理？還是沒道理？見仁見智。可是給我的指引講得很清楚，辦公室必須向大樓中央靠，沒有例外。不過從面積使用率來看，一般員工放在窗邊有好處，減少走廊的面積。

這時候，我才懂甚麼叫主要通道？甚麼叫次要通道？原來把辦公室放中間有顯著的好處，省地方！而且，雙方都有景觀，遠近的區別而已。大家入伙後就發現我說的好處，但是在做設計的時候，誰也不相信我的話。願意簽下同意書，不是給我面子，是怕得罪我背後的大老虎沈弼，這個虧吃不起。我只是一隻小狐狸而已，四處奔走傳達沈弼的思維。不過，我倒不是狐假虎威，經常用沈弼的身份來招架別人對新大樓的抵觸；我也不是賣花讚花香，覺得這大樓好得不得了。我只是覺得世界在變，傳統的辦公室很死板，如果一路沿用過去的思維，這棟新大樓五年、十年之後很有可能面對過時的威脅，現在花費的時間與金錢全都白費。這棟樓的設計就是提供一個「隨時」可改的特色，而大樓的外部建築不需要改變。

對於隨時可改的概念，我花不少時間研究其中的奧妙。最讓我心儀的有兩點：牆壁與地磚。牆壁其實不是牆壁，是牆板才對，英語叫 Partition。說得淺白，就是活動的牆，上面有鈎子掛在天花板上，隨時可以變換位置。等於說某高管今天上午的辦公室在東邊，下午可以搬到西邊，不用改造，只涉及搬動而已。這牆板本身就是合成品，每一片一米寬，高度跟天花板一樣。裝配牆板的時間不用一小時，很方便。

既然牆板可以隨便改變地點，地磚也可以。要解釋一下，地磚也不是很正確的說法，其實不是磚，是一塊一米二平

方的板塊，每層樓整個地板都是由這樣一塊塊的板塊組成。板塊的好處就是可以 90 度轉動，為何要轉，因為整層樓的通風是由地下板塊而來。通風口在這四方板塊的一個角落，一轉動就把通風口換了位置，適應各人需求。板塊下面有半米左右的空間，可以放置通風管道，把傳統的通風系統掉過來，從下而上，很方便。

35 年前的設計具備前瞻性

光是這兩樣東西就很有特色，起碼當時沒人想過可以這麼做，一方面很方便，另一方面節約成本。我作為辦公室設計人，自然希望把這兩個特色介紹給其他同事，讓他們能欣賞這種很新鮮的概念。科士打的設計有前瞻性，讓人佩服；不要忘記，這是 35 年前的想法。

牆板與地磚是特色之外，新大樓還有其他想不到的設計，真要誇獎那些建築師的腦袋。我趁這個機會，把我所知道的創意跟大家分享。第一，防火與防煙是重要的安全考慮，新大樓讓我有新的見解。原來，火警有分本地與外來，本地再分自己可控與自己不可控；外來的是從鄰近大樓傳過來，多數是不可控。專家建議：只有本地可控的火警，在絕對安全的前提下，自己可以用附近的滅火器來撲滅，其餘情況一律盡快離開現場。離開現場一定要有一個安全地帶在附近，所以新大樓每隔七、八層樓就有一個安全地帶在窗外可供逃生。安全地帶可供兩三百人站立，等待救援。救援預算在 15 分鐘內可到，而窗門的玻璃可以抗熱 30 分鐘，就是說裏面的火(就算不可控) 30 分鐘內燒不出去，外邊的人絕對安全。本來的設計是把窗門（雙重玻璃）的中間加防熱液體，不妨礙視線，抗熱時間可長達兩小時。後來因為預算控制，其實這個設置也沒必要，結果銀行決定把這個特色取消。(正確的決定！)

火讓人害怕，很容易驚慌失措，其實煙更可怕，往往導致嚴重傷亡的是煙。所以新大樓的天花板有擋煙的設計，因為煙向上走，在天花板就被擋住，形成一塊雲霧，人在下面可以及時跑離現場。當時我在工廠看過實驗，的確如此，非常佩服建築師的創造力。同時，地板、桌椅都是用了不易燃燒的材料，尤其是桌子，還能耐割切，歷久常新。不信，有機會看看，35 年前的桌子在今天還是新的一樣，不可思議。

新大樓的風水，一句話：絕佳

還有一樣設計，外邊人肯定不知道。那就是新大樓樓

上、樓下之間的文件傳遞，靠一套垂直的系統。比如說，從25樓送到12樓，一個按鈕就把裝文件的小箱子傳過去，很方便，不需要用人手送文件。大家一定不知道，原先的設計，不僅是縱向傳送，還有橫向傳送，但是在策劃階段被擱置，時間不允許，成本也不低，有點可惜。由此可見，整個計劃時間非常緊迫，任何附加項目稍有可能拖慢進度，就會放棄。

新大樓還有一樣特別的設計，就是一塊巨大的反光鏡，應該說是兩塊，一塊在大樓的外邊，另一塊在大樓裏面。外邊那一塊把陽光反射到裏面那一塊，然後再反射到樓下，引進更多自然光，因為大樓由地面層一直到11樓都是中空的。把陽光反射進來這種設計不多見，起碼增加亮度，節約能源。說到燈光，新大樓的燈光不是每個地方都是無比光亮，很簡單的道理，有必要看文件、寫字的地方一定有足夠的光線，其餘電梯口、通道不需要100%光亮，就減少燈光，總之足夠。這也是能源的考量，在環保角度，滙豐走在前頭。

電梯的設計別有風格，是電梯與扶手電梯的結合體。電梯是上下運輸的主要工具，但是不是絕對，因為還有扶手電梯輔助。何解？電梯只到幾個主要樓層，接着乘搭扶手電梯到達目的地。最主要的好處是不讓電梯經常停下來，增加等待時間。換句話説，要去 19 樓，先乘電梯去 20 樓，再轉扶手電梯去 19 樓。實驗證明，這樣的接駁反而節省時間，要比傳統的電梯快。原來，有專家做過實驗，乘客如果要等上 30 秒才有電梯來到，就會不耐煩。大家一定試過，有一大幫人乘搭電梯，幾乎層層都停，的確令人討厭。

還要講的是新大樓的風水。一句話：絕佳。我在新大樓完工之後，所需桌椅放置完畢，就請了風水大師來作解讀。風水這事情，滙豐銀行還是處於「寧可信其有，不可信其無」的態度。沒有對與錯，我覺得看看不妨。給員工一個安心，總不會錯。風水先生也很客氣，親自帶我研究樓下營業部門，有甚麼值得加強，也是我第一次聽取專家講解，獲益良多。至於內容，天機不可洩漏，暫時擱下不表。

第 19 回

新大樓的陰謀論

新大樓對準備進駐的員工來説，受歡迎與否？可以説，分兩派。第一派是一般員工，態度是無所謂，起碼沒有反感，新的總好過舊的；另一派是經理級別的人馬，大多數態度是不喜歡。比起以前，地方不大，沒有隱私，而且失去景觀，如同降級。

自從 1985 年新大樓入伙之後，內部的傳言與媒體的報導都不太友善。總而言之，有以下這麼幾樣。第一，這大樓可以「拆除」搬走。這句話有點含蓄，隱藏的意思是説：「別以為外表牢固，其實可以拆卸，運回祖家。」外表看起來，尤其那些圓柱，似乎是可以拆卸的。沒錯，圓柱的外殼是一片片的鋼片拼攏而成，絕對可以拆除。這些鋼片叫 Cladding，用來保護裏面的水泥柱子。就算拆掉鋼片，裏面的水泥柱子也拆不了。不過這麼多年前的人已經存在一些「陰謀論」，有點奇怪。

第二，樓頂上有兩座「大炮」，面對中國銀行，一方面擋住中國銀行那把尖刀（外型有點像），另一方面可以用大炮還擊。我可以確定這是後來的人，以訛傳訛用「大炮」來説事。

其實滙豐新大樓落成之後好幾年，中國銀行才在現址蓋他們的新大樓。滙豐怎會有先見之明準備兩座大炮搞對抗呢？其實，兩座大炮是起重機，把超重的東西扯上去。這功能我絕對清楚，誰也不能跟我爭議，因為我後來負責把所有員工以及他們所需的器具搬進新大樓，能用電梯的用電梯，超重的則用吊機，我是一清二楚。

第三，新大樓最底下一層有地下水管可以通到皇后碼頭，利便領導層在危急之際逃生之用。這更是天方夜譚，一聽就知道有人瞎扯，但是相信的人不少。總之醜化別人的說法，必然有人相信。水管是有一條，可是用來排水的。我每次想到這個謠言，總會想起 007 電影中的情節。但是，大樓頂層有個直升機停機坪倒是真的，問題是直升機在滿佈高樓大廈的地段飛行有安全的顧慮，最終沒有落實。

新大樓很多地方都是灰色的，給人感覺是一艘太空船，不是沒有道理。但是科士打的原意是用其他兩種顏色來「中和」，一是紅，二是黑。以我不是專業的觀感來看，紅黑少了一點。比如說，三樓、五樓業務大堂的櫃台就是黑色的大理石。這種大理石從意大利進口，屬於甲級。甲級的概念是黑的程度要很一致，要挑選一致的黑色絕不容易，而且要在灰色為

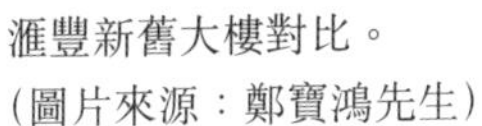

滙豐新舊大樓對比。
(圖片來源：鄭寶鴻先生)

主的環境中突顯黑色的典雅。這是講「美」的時刻，當時就有好多專家來熱議。結果，黑色的櫃台的確讓業務大堂顯出含蓄的霸氣，反映滙豐銀行內斂的傳統。

銀行的紅色源自香煙包

或許大家會問 :「紅色在哪裏呢？」很簡單，制服。而且，制服有活動性，因為櫃台員工會走動，形成有動感的紅色。多了紅色，大堂馬上不一樣。紅色本身是滙豐銀行的顏色，用紅色政治正確之外，還能在黑、灰中突顯一種活力。真要佩服科士打的功夫，他的設計不僅追求實用，還有美感。大家或許想知道，在其他樓層沒有黑色櫃台，如何製造紅色來顯示「活力」？很簡單，每個人都有的文件盒，把它噴為紅色，看上去每張灰色的桌子都有紅色來點綴，也是很不錯的想法。

由於桌椅是我負責的範圍，自然包括文件盒，要我同意才能進行噴漆工程。為甚麼要噴漆？因為原來購置的文件盒是黑色的，要洗掉再噴很花時間，而且貴，划不來。所以建築師建議在黑色上面噴紅漆，原來紅色在上面，黑色在下面，會變成略帶橙色，並非銀行固有的紅色。我當然不同意，要求重做！爭議不斷發酵，結果鬧到沈弼那邊，要他作終極決定。我可不害怕，是紅就是紅，不是紅就不是紅，據理力爭是我這幾年學會的本領。

沈弼在他的辦公室接見正反雙方。他是一派輕鬆，早知道我們來意。打個哈哈，就把桌面上那包 Winston 香煙的包裝紙撕下一大片，説紙上的紅色才是真正的紅色，然後在紙的後面寫上「Bank Red」兩個字，簽字作實。看見那種紅色跟文件盒上的紅色差一大截，心中暗喜。他口上補一句：「上下

5% 可以。」結果是重做，雖然結果還是不太理想。相信建築師一早知道改善空間有限，想用專業來壓我非專業。不過能夠把事件提升到主席層面，算是盡了力。最可惜的是有沈弼簽字的那張香煙紙包事後給存放在文件夾，沒有拍照留念，否則可以用來印證總行重建工作其中一樣有趣的往事。

第 20 回

甚麼顏色都好，只要是紅色

在總行重建項目中，我聽過不少銀行高層精警的話語，沈弼有幾句話很有意思。第一句是在建築師與銀行項目組發生劇烈爭議之際，他說：「誰付錢，誰說了算。」大家要注意，建築師的思維跟項目組（我是成員之一）有明顯的差別。他們想把這棟樓做到完美，橫豎以前沒有先例。項目組有預算，要嚴控，絕對不敢超標。比如說，銀行大堂的大理石櫃台，用 A 級意大利大理石自然完美，但是價錢跟 B 級相差太遠，是幾何級數的跳升，而不是算術級數，難以接受。當然我們希望找到價錢較為便宜，而質量相差無幾的 A 級大理石。我們知道，市場不是沒有，但是一時急迫，沒辦法慢慢去找。原來的合同並沒有說到這麼仔細，例如多少錢一平方米，所以一碰上價錢與質量的題目上有矛盾，雙方都未必讓步，拖下去變成雙輸！這時候，沈弼就會被邀出動來決定。他的話不多，不過直接了當，一語中的。最有代表性的話就是：「誰付錢，誰說了算。」

第二句話是關於顏色的選擇，沈弼覺得新大樓以灰色為主色，有點單調，希望加一點紅色作為點綴。我們項目組順勢作

出要求，但是新大樓的內部還是有點灰暗，不夠亮麗。可以換句話説，莊重有餘，活潑不足。他在某次內部會議提出要求，加添紅色。這自然由項目組提出，但不太有效，因為我們一講到顏色這種主觀的看法，建築師必然會「羣起而攻之」，跟我們糾纏不清，認為我們不是專業，不懂這門學問。工程也不許拖拖拉拉，結果總是要把問題向上提升到沈弼那邊，以求定奪。在會上，沈弼表現一貫風格，話不多，直擊要點：「選甚麼顏色都可以，只要是紅色就好。」這句話原出自於美國福特汽車的董事長口中，他曾説過相同的話，只是顏色不是紅色而已。

會議紀要一句話：主席説不用改

第三句話是關於透明度。新大樓在落成之前，邀請一班高管來「踩場」，在現場看看，發表意見。當時以我的看法，辦公室、辦公桌、椅子等等都很不錯，照規矩應該沒甚麼不滿意的地方。可是，我心裏很明白，這班高管一定不喜歡他們辦公室向走廊的牆板沒有裝上「窗簾」，從走廊可以看得清清楚楚，人在辦公室做甚麼。可以説，完全沒有私密性，他們應該不會喜歡，必然有意見。當他們在巡視的時候（沈弼不在），幾乎拆天，很不滿意，給我很大壓力，恨不得把我給打扁。他們都是高高在上的人物，而且人多勢眾，我無法招架，只好找馬素幫忙。他二話不説，手指指上面。我當然理解他是甚麼意思，他要我去項目組找沈弼解困，因為不裝窗簾是他的主意，他一直強調透明度。

結果這事件鬧到施德論那邊，認為項目組的配置沒有按照他們的要求，不滿意，拒絕遷入。事到如今，馬上要搬遷入伙之際，來一個「下馬威」，項目組看來馬上要栽跟頭。這時候，沈弼出馬，要求跟高管代表見面。我猜想，高管的心情也是有點像十五隻吊桶，七上八下，有點忐忑。結果會議只有兩個人參加：我其一做秘書，要寫紀錄；香港老大其二做高管代表。等了老半天，主席沒來，派了他的信差過來，遞給我一封信，叫我馬上開。上面有兩行手寫的字：「給你寫紀錄用」是第一行；「主席説不用改」是第二行。然後有個簡簽，俗語叫「畫龜」，英語叫 Initial。香港老大看完不説話，站起來走了。結果，我把會議紀錄寫好，傳送給老大，暗中抄送主席。是這麼寫的：「經過深入討論，決定不作更改。」

跟沈弼的直接「來往」不多，他手寫的兩句話絕對經典。但是背後的故事，反映當年滙豐銀行的文化，決定以後，就不要拖拖拉拉。

第四章

謙謙君子 提拔華人

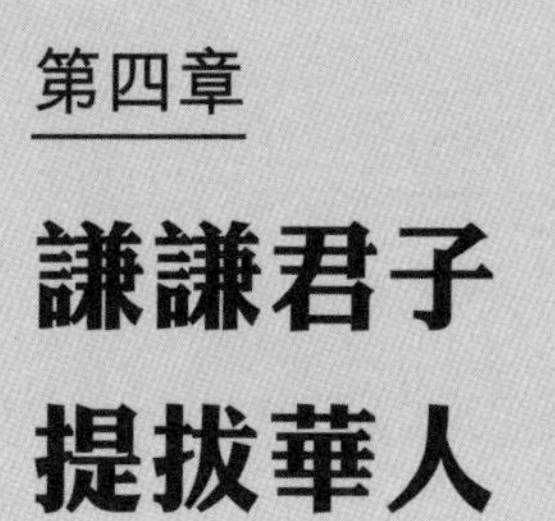

雷興悟

Peter Wrangham

新大樓在1985年落成，帶給滙豐新面貌、新作風。雷興悟趁機深化華資客戶關係，大力提攜本地員工，安排海外培訓，開始鋪墊銀行應對九七可能帶來的挑戰。在港業務細化分工，開展專業化服務，翻開滙豐輝煌歷史新一頁。

第 21 回

因為不喜歡，才認識我

上回提到香港老大，他的名字叫雷興悟。在蓋大樓的時候，是香港業務的一把手，按當年規矩，他是總經理，下面有四個副總經理分別負責：財務、財資、企金、個金。不過當年香港不用企業兩個字，就叫公司業務。個金有一個不太一樣的名字，叫零售，好像雜貨攤賣些小零碎。財資同樣不是這麼稱呼，因為當年只管外匯買賣，似乎沒有通俗一點的名稱，就叫外匯。

如果我不是做總行重建項目，根本無法接觸銀行的高層，列席跟主席開會簡直是天方夜譚，絕對不可能。不過我可不會有任何遐想——把自己提高身價，我只是一名D級專員，有幸參與項目，是一個學習的機會。不過，因為在項目組經常露面，高層反而認識我，而且都是「不喜歡」我而起。為何不喜歡？因為我只是給了他們需要的東西，而不是他們想要的東西。兩者之間有點區別：需要是 Need，而想要是 Want，兩者很不一樣。一般人分不清，只有想要，是不是需要不重要，今天的人更是如此。

最想要的是更多的空間，看上去有派頭。可惜每個人能有多少地方全有規定，不由自主。比如説，有獨立辦公室的高層，一定想要一套沙發，可以讓來訪的客戶坐得舒服，而且自己看起來有派頭。記得前幾回説過，地方大小受地磚限制，好像買衣服，有大、中、小的區分。總經理的辦公室大小是 5 x 4，五塊地磚乘四塊地磚。一塊地磚是一米二乘一米二，等於 1.44 平方米，20 塊等於 300 平方呎不到，不過整個香港管理層只有一個人如此而已。

副總經理的配置是 4 x 4，等於 230 平方呎；再下去是高級經理，他們的配置是 3 x 4，等於 170 平方呎；再下去是部門經理，配置是 3 x 3，也有 130 平方呎。大家會説，這不算小呀。的確是，但是相對以前的配置就嫌小了，自然有不滿的情緒。就算坐在大廳的一般員工平均也有 70 平方呎，老實説，不算差。不要説：「人心不足蛇吞象。」只要理解這是人性，對自己不喜歡的東西（或人物）總會找一些藉口來説不是。對於以上的空間配置，施德論很有意見，可以理解，他這人生性節約，能省則省。他在我面前，總是説 3,300 人太少了，要 4,500 才差不多。我知道這是他根據自設的程式算出來的，不便爭拗，否則沒完沒了。我也猜得到，他以後掌權，一定把人數增加。（果然如此，聽説沒多久新大樓就超越 4,000

人）。記得我在離開這份工作前，還跟他說個笑話：「以後是不是要員工站着工作，那就可以省下好多地方，不過可別叫我回來幫你策劃！」他打個哈哈，沒說話。

鈔票上的簽字，像一串音符

說回雷興悟這個人，又是一位謙謙君子。話不多，要說總是說中要點。我在項目組偶爾有機會一起開會，會中總有不滿的聲音從他下面的管理層而來。他同意的話，會很客氣要求項目組跟進；不同意的話，他會對下屬說：「咱們再想想。」總是不溫不火，很少口出惡言，典型的英國紳士。如果大家保存以前的舊鈔票，很有可能看到他當年在鈔票上的簽字，像一連串的音符，逐步向上。

我跟他沒有工作關係，只是在項目組碰見打過招呼而已。第一次面對面的對話，差不多是在項目馬上要結束的時候。我們在電梯裏，我先開口說：「早安。」他連忙回我一句早安。跟着問我，項目結束之後，是不是回英國？我懵了，甚麼？回英國？把我當誰呀？只好硬着頭皮說：「希望銀行把我派回業務單位，不然離開太久，以後回不去呢。」聽完我講，他也有點懵了，很好奇的問我：「我倒不知道銀行能有位置給建築師？」我更懵了，我説我可不是建築師，我一直在銀行，不過抽調過去項目組而已。他似乎有點理解我到底是誰，接着説一句最經典的話：「原來你一直在『布希』，給你騙了這麼久。」「布希」是英語，大家應該懂它的意思。結果大家笑笑，他走出電梯前，還説：「祝你好運。」

原來我在銀行高層心目中一直是在「布希」，是成功？還是失敗？我搞不清楚。

第 22 回

香港人最要緊有瓦遮頭

不要忘記告訴大家，跟雷興悟電梯裏的那段話，是在總行重建項目剛剛結束之際，時維 1985 年中。香港的經濟全速起飛，跟當時的政局發展有點矛盾。為何？記得 1983 年，英國戴卓爾首相在北京跟鄧小平談香港前途，結果摔了一跤。很明確，香港在 1997 年回歸祖國。不少香港人於 1985 年已經消化這個事實，準備在香港長期發展，開始買房子，本地話所說：「有瓦遮頭最重要。」當然也有某些人希望離開香港，到外地發展。當時最受歡迎的是加拿大與澳洲，以銀行的專業性，似乎比其他行業容易辦理移民。

我們這種人身處夾縫，有點條件，但並非絕對有條件可以隨意移民，而且移民似乎是完全排除留在香港發展的機會，很可惜。留在香港，似乎不讓自己與家人有機會嘗試外國生活方式，也是可惜。九七的問題倒不是真的問題，距離 1985 年實在太遠了。

但是可以想像，自己留下來發展，機會應該不錯的。但是外面也有機會，自然有人趁此機會過去外國生活。在這種夾縫中，一個人很難拿捏，該怎麼做才對？其實沒有對與錯，不是有句話：「路是人走出來的。」在香港，在外國，總有條路可以走下去。老實說，心大心小的人比比皆是。我是其中一個，那一年我四十不到，真的費思量。

新界是寶地，爆炸性增長

讓我更難決定的是我的新工作，銀行把我調到新界做區經理，負責管理新界 43 家分行。新界分四個區：沙田、大埔、元朗及屯門。荃灣不歸我管，它屬於九龍西。我的四個區裏面，比較成熟的是粉嶺、大埔、上水、元朗，人口多，而且富裕階層較多，銀行生意自然興旺。但是剛剛崛起的是：沙田、屯門、馬鞍山等地，不容忽略。記得當年的馬鞍山，從火車上看過去，一棟高樓都沒有，現在是個人口非常密集，高樓遍佈的新區，可以想像過去爆發式的發展，如同火箭升空。

銀行明顯從高速發展得益，分行的存款與貸款飛躍增長，新界成為滙豐銀行的重地。我能獲派到這塊旺地，是運氣？或是有其他內情？如果從自己的級別來看，應該還沒到區經理的資格。這也是事實，因為我一直在做項目，對銀行業務有點生疏，一下子要管 43 家分行，不是很有把握。我一向的

態度是兵來將擋，既來之則安之。不過，也有小道消息説是銀行對我搞項目有礙個人發展向我作出的賠償。對這種無聊的消息，完全可以不理。説實話，我一直想回歸銀行本業，不想在項目蹉跎歲月，跟銀行有關人士説過好幾次。只不過是在這個時刻夢想成真，讓我振奮不已。

回歸對我來説有莫大的吸引力，尤其新界這塊寶地開始發展，有驚人的潛力，尤其是購房貸款。沙田為例，政府已經確定沙田將被重點開發，短期內成為九龍的衛星城市。前途美好不容置疑，可是我的團隊有個嚴重的問題：一把年紀，不想有大改變，循規蹈矩就好。每個人都是接近退休年齡，以不變應萬變是他們的核心思維。這麼一看，我就知道這世界沒有「免費午餐」，把我調過來一定有原因，大概想我出手實行整頓。心想，又是整頓工作。

不過，道理應該一樣，基本上是説人盡其才，合適的留下，不合適的調職。我知道，新界這地方有敬老的好習慣。要安排老人家調職很困難，沒地方可去，只好把老人家當菩薩放在廟裏供奉，把菩薩旁邊的羅漢請出來耍幾招。新界地區大多數是零售業務，做做購房貸款可以，其他業務甚少。所以讓年輕一代加班加點去跑按揭貸款，其他甭管。不失一式高招，第一季度業務增長驚人，第二季度乘勝追擊，最終創下新紀錄，年底業務翻一番。想不到跑到前線，又有一番作為，心中頗有安慰。我心中知道，這回調動必然跟雷興悟有關，否則又要去做項目。

第 23 回

移民潮開始，銀行安排**保送**

我在新界做區經理，表面風光，屬下至少有 43 家分行。但是在銀行的金字塔中，排在第四行。最頂層是雷興悟，下面是四個副總經理，再下面是十個高級經理，這 15 個人掌握整個滙豐銀行在香港的營運，是一個核心團隊。有志氣的人總是希望躋身這個團隊，居高望遠的感覺肯定不一樣。我不是沒有志氣，但是離開主流業務太久，很難想像自己能夠有資格。

雖然我的階級距離剛才所説的團隊只是一步之遙，何年何日能夠高攀，不敢想。要想就想如何把業務做好，完善自己的紀錄，他日總有機會。這時候正是 1985-1986 年移民潮開始之際，不少人（包括銀行同事）辭職，舉家移民到加拿大或澳洲。可能是香港近代移民潮的開始，不少人根本不想太多，走過去再説。雷興悟對這種情況有想法，他想設立一個系統，讓銀行「保送」一些骨幹過去，不愁工作，因為滙豐當時在加拿大或澳洲的確有需要增添有經驗的銀行人員。如果有人希望藉此機會申請外國護照，自便。但是，條件就是要返港繼續為銀行服務。聽起來，是很不錯的計劃，當然不是人人可得，必須具備銀行認可才會被考慮。

聽説，我的名字上了榜，而且很快落實，差不多是第一批。（這計劃前後有二、三十人參與）新界的業務正是蒸蒸日上，我還有許多計劃在手，有點捨不得。但是能夠到海外見識，是千載難逢的機遇，不容錯過。思前想後一番，最後決定上路。走之前，有機會見雷興悟，算是訓示，因為我們都是代表銀行前往另一個集團成員工作。要抱怎樣的工作態度，如何跟其他外國同事相處，不要搞小圈子，注意安全，特別是在異地開車。這時候，我才第一次近距離看到雷興悟，一派慈祥長者的風範，頗有感觸。雖然他説話都是老生常談，不講我也明白，但是他並不覺得煩厭，很細心交代清楚。我是很感激，也很感動。最後一句很有意思：「到時候回來有工作等着你。」

搶新移民存款，滙豐反而吃虧

沒多久，到了 1987 年底，我去了溫哥華，負責那邊滙豐銀行的私人銀行。因為當時不少人移民，手上都有點錢，最理想就是説服他們把錢放我們這邊。照規矩，應該不成問題，滙豐這塊牌子，大家都認識，不用宣傳自然而然水到渠成。可是，事實不是這樣，移民後大家考慮的角度不一樣，不要以為滙豐吃得開，其實不然。滙豐反而吃虧，因為新移民會説：「辛辛苦苦把錢帶到加拿大，就是怕九七年後給人沒收。要存

進滙豐，不是搬石頭砸自己的腳？」

因此生意不好做，原來有這樣的顧忌，始料不及。加上滙豐銀行的私人銀行業務很單純，沒甚麼產品，最多給多一點利息，作為招徠。客戶知道我們的服務好，隨意存入一點，意思意思。這時候，想起雷興悟説過的話：「樣樣事情，自己想辦法。」在加拿大的確如此，自己能做的事，一定自己做；就算自己做不來，也要自己做。

我在溫哥華工作三年，上任沒多久，雷興悟就退任，交棒給新的老總，叫施偉富（英語是複姓 Selway-Swift）。由於他的姓有個「快」字，所以贏得綽號「飛得快」，沒有取笑的意思。看他的履歷，他的確是飛得快。他之前在新加坡，老二而已，來到香港就升級，成為香港一哥。我跟施偉富關係比較密切，有一定的道理，下回分解。

第 24 回

挖苦我，雞毛當令箭

雷興悟是香港一把手，跟我這個晚輩階級上相距甚遠，平時沒有機會來往。但是偶爾遇上，我總覺得他是個慈祥長者，而且沒架子。記得前幾年，我在香港見過他。其實是他找人約我喝咖啡，因為他的秘書聽過我在電台節目提過他的為人，提議我們見面聊聊過去往事。我應約之際，有點懷疑他還認得我嗎？我離開香港遠赴加拿大，他離港退休，都是 30 多年前的事情。我胖了，身材像圓桶，他還能認得我嗎？

認得我，我也認得他，還是老樣子，一派斯文。還能說出當年蓋大樓種種趣事，甚至挖苦我「抓住雞毛當令箭」，不服氣者，斬！他的辦公室一直沒有百葉簾，要等到沈弼退休，才能解除禁令。不過，他說了一句實話：「其實習慣了空蕩蕩，也沒甚麼不妥。裝了百葉簾反而不慣，總是要拉開才舒暢。」他的話來晚了 35 年，否則我可以用來作擋箭牌，幫我一把，當年我一個人單打獨鬥可不簡單。

他後來承認，是他把我放進第一批遠赴加拿大受訓的名單。他說，他覺得我有點「外國人」味道，有機會放洋見識一

下肯定是好事。當然，他沒想過，我在加拿大三年，徹底拓寬了我的視野，改變了我的人生觀，原來事情總有正負兩面，看一面太主觀。尤其在香港這種華洋相處的地方，如何平衡兩者文化的區別，找出彼此相遇那一點很重要。這是我第一次親口聽到老大這麼説，我原來讓人當作「老外」。是恭維？還是挖苦？搞不清楚。

千萬關照，海外要低調

其實，當年我們不知道銀行高層是怎麼盤算的。對九七的來臨，外籍高層回歸英國，安排本地高管接替他們，到底有甚麼具體的行動？一定有，只是我們不知道而已。盡早把某些人（一般是中層管理人員）安排到外國受訓，是明智之舉。問題是：這計劃的不確定性。回來之後，想走的人還是會走的，留不住。要有附加的安排，就是回來後有重要的職務，大家都沒想到的是「危中有機」，九七逼近，反而是機遇的來臨。與雷興悟喝咖啡之際，才能了解銀行在他任內已經考慮如何安排人員的交接，甚至亦考慮了哪些人適合參與交接，不由我不佩服這些老外原來早有準備，如何應對香港近代史上最具備挑戰的事件。

現在回頭想，當時把部分人調離香港，遠赴加拿大「受訓」，多少有點勉強。因為一下子在加拿大的滙豐銀行出現這麼多香港人，能給他們哪些工作呢？而且，加拿大一向節約成本，加添的工資及家居生活的費用，是一大筆錢，人家肯定有怨言。沒有理由要加拿大幫香港分憂，而且我們過去根本不懂當地的規矩，多少是添麻煩。我懂得其中的敏感性，不敢「出眾」，一直低調做人。舉個例子，我買車（加拿大無車不行）的第一考慮：不要讓本地人覺得我們炫耀；第二考慮也是一樣：不要炫耀。結果買了一輛當時、當地最低調的車，是 Chrysler 的最後一根救命稻草，叫 K Car。非常便宜，不到 1 萬加元。有人說我傻，身為私人銀行的經理，卻開一輛不匹配的車。

不管怎樣，記得雷興悟在我走之前說的話：「在加拿大，學加拿大人生活。把香港忘記，不要嘴邊總是說香港怎麼好，人家不喜歡的。」能夠到外國生活與工作，是我生涯中重要的轉變。對於雷興悟等人，能夠對我有所關心與提攜，我是銘記在心。

第 25 回

海外培訓，在於適應生活轉變

我跟雷興悟的工作關係不長，尤其我身在溫哥華，不是經常回香港，難得碰上他。不過他那種循循善誘的熱忱，加上謙虛、友好的態度，使我印象深刻。我也感謝他的提名，讓我順利踏上海外培訓的旅途。說老實話，在溫哥華三年的培訓，學技不多，眼界大開倒是事實。始終我在香港長大，見識有限，尤其是英語能力很一般。起初幾個月，理解有困難，講解更差勁。許多諺語、俗語更是搞不清楚是甚麼意思，經常弄出笑話。還好自己臉皮厚，經常不恥下問，希望有進步，不讓別人當我土包子。還好記得雷興悟臨別的提示：「到了加拿大，就做加拿大人。」比如說，人家都迷冰上曲棍球，我也追着看，自然學會人家的術語。人家流行剪優惠券去超市買東西，我也來，大家分享經驗，講起話來開始流暢。橫豎加拿大的工作不忙，天天準時下班，幫忙家務也是加拿大人生活重要一部分。比如說，剪草就夠忙一下午；吸塵肯定讓人出身汗；樹葉一地趕緊掃，明天又是一地。

原來海外培訓不止是工作上學習，還要適應生活方式的轉變。最重要的轉變，對我來說，是有大把思考的時間。經常在思考：我來幹甚麼？我往哪裏去？以前從來沒有思考過的問題，經常在腦子裏旋轉。加拿大的生活很快讓人習慣，最可怕的是這種生活讓人希望在此歸老，不想回香港。山明水秀的景色，風和日麗的天氣，輕鬆愉快的節奏，溫和有禮的鄰居，每一樣都讓人「忘返」。回去？還是不回去？其實是一個偽命題，根本不可能不回去。沒有銀行安排的工作，我甚麼都沒有，在溫哥華這地方甚麼都找得到，就是找不到工作。同時，銀行派我過來，道義上我應該回去繼續努力工作才對。不應該有任何遐想，不應該，不應該。這是我對自己說的話，但是沒多久，這個問題又回到腦海：回去？還是不回去？進了銀行接近 20 年，是我面對最真實的矛盾。想通了，沒多久，又想不通了。

終於等到我的大老闆，全球私人銀行的主席艾雪（Bernard Asher）來到溫哥華巡視業務。我跟他在總行重建項目上交過手，他有意見，靠我幫他擺平（答應過他不公開），所以我們算是有點交情。他看我有點「放不下」，問明我的意向，答應我回倫敦會跟當時的主席浦偉士説明白，讓我在溫哥華發展。心中不僅是忐忑，簡直有不安的感覺，或許可以説是有種不詳之感在心中揮之不去。

大概兩個星期之後，艾雪來電話了。他把聲音壓得很低，幾乎聽不到。只有兩句話：第一句，兩週前他說的話當他沒說過；第二句，香港再見。跟着就掛電話，也沒等我問他話。香港再見，算是先人指路。不安的感覺一掃而空，肯定要回香港，不確定因素已經不存在，反而落得輕鬆。把心情整理好，回港再次衝刺。說到底，我還是很感激他的，在這敏感時刻，能夠幫我說話，一點不簡單，並且隨時給集團主席罵一頓。

第五章

公關能手
促成最受推崇銀行

施偉富

Paul Selway-Swift

接替雷興悟，積極開展本地業務，零售業務冒起。以前「半中央銀行」地位逐步淡化，滙豐專注本身業務，施偉富專注服務質量，客戶分類，部署「渠道工程」，涵蓋業務專業分工、加強員工培訓、爭取市場份額，帶領滙豐邁向最受推崇銀行之美名。

第 26 回

物色人馬，落實發展藍圖

跟施偉富的「邂逅」，始於我在溫哥華的日子。他大概是物色人馬回港實施發展藍圖，偶爾會給我電話，表面上問好，其實在探口風，也想多認識我，不要入錯貨。

有一次，施偉富給我電話，壓低聲音。他說：「我想把你調去台灣。」我回他：「台灣？幹嘛？」他又說：「我覺得你做 CEO 很適合。不過還沒拍板，先別說出來。」我心想，還沒拍板就不要告訴我。讓我又陷入第二輪的深思，台灣？不回香港？不讓我說，彆着難受。

施偉富很有意思，沒多久又來電話，一般是我的下午 4、5 時，也就是他的一早。又是壓低喉嚨說話：「台灣不成事，忘記它。好不？現在是新加坡，打算讓你做副手。」我說：「甚麼？新加坡？」心想自己完全沒有心理準備，怎麼不讓我回香港？新加坡好是好，不過當初讓我出來培訓，不就是準備回香港繼續努力工作嗎？難道香港發生甚麼事？莫非人滿為患，沒位置。心理壓力飆升，相信血壓也一樣。他還是一句老話，過一兩個星期會有進一步消息，就掛電話了。

世界變得快，讓人招架不住

跟施偉富迷茫的對話很快就明朗化。大概是上次對話之後一個星期，下午 4 時一刻，他致電過來，語調有點急促，他說：「香港馬上要發佈新聞稿，宣佈劉大哥（原名不表）繼任為零售業務副總經理，你接替他做分行高級經理，日期待定。」加一句：「4 時半前不要告訴別人。」有點懵，回他一句好的，就掛電話。還是有點懵，搞甚麼？先是台灣，後來變為新加坡，現在回香港管分行。是好事？還是其中有詐？不過 15 分鐘而已，等香港發了新聞稿再說。

第一個給我新聞稿的人，是溫哥華總行經理，叫格廉，綽號是「餅叔」。這是形容他經常做餅，解釋他這人多花樣，而且是做多錯多那種。他臉上的表情跟我差不多，有點懵。我猜想他想問我：「這新聞稿說的人是你嗎？」我一向低調，他跟我之間話不多，所以想確認這人的確是我。我說，剛才香港施偉富來過電話，已經口頭告訴我。他開始有點迷茫，大概覺得我過去在他旗下深藏不露，跟剛剛爆出的新聞完全不匹配。把新聞稿放下，悶聲不響走了。

我把新聞稿再看一次，的確是我。不久，溫哥華的人

事部過來，說了一個日期，叫我準備回去。一下子，世界在變，而且變得很快，有點招架不住。有很多後續工作，該怎麼辦呢？至少兩樣事情在腦子裏轉。

第一，這是怎樣的工作？難道是我三年前在新界做區經理的「放大版」，以前管 43 家分行，將來管 275 家？難怪溫哥華的老外同事說：「這是一個超大的升級！是不？」我當時還不能接受。第二，打道回府，可不是簡單的事情。搬過來是要整理一大堆東西，回去也一樣，或許要整理更多東西，可以說是大災難。

施偉富沒多久就來電話，要我盡快回香港，新的班子需要討論下一步。下一步由英語翻譯過來，叫「Next Step」。首先，有個華人攀上副總經理的級別，前所未有，是華人之光。其次，原來位置由海外培訓人員頂替，證明海外培訓有一定意義。回到香港才知道，原來香港密鑼緊鼓在準備重大改變。英語叫 Transformation，不叫 Re-engineering。當時流行後者，改造就好，很少用前者，徹底轉型。

徹底轉型，講求分工與專業

回香港聽施偉富細意解釋，轉型分幾部分：第一，把企業貸款業務從分行剝離，形成一個新的羣組，內有十個貸款中心，內部推薦有貸款經驗的人出任。第二，剝離貸款之後的分行全部負責零售業務，以服務為核心競爭力，分行經理必須具備「以客為尊」的態度與手段。「過時」的前輩敦請回家休養，推舉有才幹的年輕人上位。第三，安排所有分行重新裝修，設計以客戶感受為核心。小分行如果難以改造，關掉。第四，實施中央處理後台工作，外人不容易懂，就是把後勤工作搬到簇新購置的奧海中心，力求降低成本。

第二、三項工作跟我直接有關，而第一、四項工作間接有關。做慣項目的我，一看就抽口氣，至少兩年，而且接近「不休不眠」的精神狀態才能應付。這時候，我有點領悟，原來還是要我回來處理這項巨大的工作。有句諺語，世上沒有免費午餐。這時候，我摸清楚了整件事的來龍去脈。

跟施偉富開完這個會，才知道事情的嚴重性。整個銀行的轉型，非同小可。新大樓代表銀行對將來的承諾，現在的轉型代表銀行對優良服務的追求。老實説，這種工作我很有興

趣。不敢説自己駕輕就熟，但是做項目，我總是興致勃勃。想深一層，就是把原來的工作一分為二，業務照舊，同時改革。沒有業務增長，改革變為負擔。只是改革，業務出現不穩，決不可取。趕緊回去溫哥華收拾細軟，準備回來打拼。臨走前跟施偉富打招呼：「謝謝這個難得的機會。」看到他有點釋懷，聽到我説盡快回來。項目還有誰在「撐腰」？原來銀行破天荒，請了美國馳名的諮詢公司 Booz Allen Hamilton 來策劃與協助執行，同時向海外滙豐班兵，有三幾個老外過來幫手。就是缺個「兵頭」來調兵遣將，施偉富就把這個空缺給我。

全意打造最受推崇銀行

是誰介紹？我根本不認識施偉富，要不是他打過幾個電話找我，我倆素未謀面，怎能夠放心把項目交給我？莫非有人從旁美言？想不通，也不想去想。騎上虎背，就趕緊跑。

沒多久上任，發現銀行給了這個項目一個外人看不懂的名稱，叫 Delivery Systems Project。沒有中文，大家不想用全部三個字，就給它一個簡稱，叫 DSP 倒也順口。以後的兩年，人前人後都是在説 DSP。怎麼解釋這個名稱才對呢？首先，這必然是美國諮詢專家的手筆，就是要讓別人看不懂，他們說的話才值錢。其次，Delivery 是指傳送，提供給客戶的服務是經過傳送的，講的是那個傳送的過程。我們在香港一直講的是結果，客戶滿意就是結果，賺錢也是結果，過程不重要。

現在專家提醒我們過程才重要，他們不是經常說 Means 跟 End 有區別。Systems 就比較容易理解，儲蓄是一個系統，貸款也是一個系統，各系統的結合產生一體化的效果，才有最完美的結果。大致上，可以像我這樣解釋，專家沒有異議。他們知道我是從加拿大調回來做這項目的人，對我稍有「敬意」，不會說我不懂。我也不會掉以輕心，導致別人嗤之以鼻。施偉富是大旗手，本地話叫「擔大旗」。他也蠻用心，有大型活動總會出來講話，要大家用心。他人高馬大，身材有優勢，講話不用稿，蠻流暢的。

專家建議我們來一個「口號」，講出大家都期盼的結果，不然白做。結果用「最受推崇的銀行」，來配合英語版 The Most Preferred Bank 算是不錯的選擇。能夠成功轉型為最受推崇的銀行，也算是滙豐近代史上一大成就。最大的轉型在我們傳統的零售業務。以前分行業務包括零售與公司，焦點全放在公司，因為公司貸款賺利息，反而零售業務不好賺，幹的活多，而且煩。一般分行靠公司貸款來支撐分行那筆賬，很少用

心去做大零售。現在把公司業務歸納到貸款中心，分行只剩下零售怎麼辦？而且要把自己做成最受推崇的銀行，知道的人不多。對我來說，一下要管一萬「大兵」，還要打造最受推崇的銀行，自己知道這工作是「豬頭骨」，不易啃！

第 27 回

第一次請諮詢，不再自己來

那是 1990 年，我負責滙豐在香港的零售業務，責任重大。但是銀行的轉型意義更深遠，必須全力以赴。說得難聽，那等同扛起兩份工作同時進行；相反，說得好聽，那是絕好的學習機會。改變工作流程不難，但是改變員工的工作態度不容易，尤其不少人長時期躲在自己的「安樂窩」，不想有任何變動。換句話說，誰也不能動他們面前的乳酪。這項目一點不討好，我相信施偉富必然理解，所以他經常參與我們的活動，表示支持。

諮詢團隊對我還算不錯，我的態度是：合理撮合合作，否則評道理。不少事情要施偉富定奪，他經常支持我的意見，讓諮詢團隊不太爽。跟諮詢團隊打交道，我有經驗。他們的態度也簡單：你不懂，不能聽你的。不過他們也有所顧忌，因為摸不清我的背景，到底屬於哪條路上人物？似乎有人撐腰。不外乎是施偉富，但是他是項目最重要的持份者，誰也要聽他的。我理解一個重要的道理，做事不能只靠上頭，下面尤為重要。如何跟分行經理溝通很重要，一定要直接面對面，間接的方式效果不好。

除了於種植道培訓中心舉辦研討會外，亦曾借用石澳的董事長別墅進行培訓。

我想出一個辦法，在銀行山頂種植道的培訓中心舉辦研討會。一個分區，大概十來家分行的經理上山「學法」，每次一個週末，星期六下午開始，星期日晚上結束。集中討論一道題目：如何做得到一家最受推崇的銀行？大家很雀躍，首先，從來沒有來過這地方，只是傳聞中聽過而已，如今可以身歷其境，而且需要過夜。其次，大家「開放式」討論，我負責「破冰」搞氣氛。

我當時住在附近，經常「暗訪」為他們打氣。如果走歪了，我會不客氣指出問題所在。大家覺得很過癮，幾乎沒人想休息，通宵達旦很平常。在第二天的黃昏，我們請來銀行高層，包括施偉富，聆聽他們的建議，甚至提出反駁。他們最大的問題是淪於理論，沒有實際行動。比如説，「以人為本」經常掛嘴邊，但是怎麼實現就欠奉。

公餘活動，催化合作

搞了大半年，大家都清楚我想要甚麼，不是空洞的承諾。我要的是能落地的行動，自我啟動，自我檢討。在山頂種植道的週末帶給分行經理嶄新的嘗試，接受「變幻才是永恆」。我在他們面前擺脱銀行一向的呆板，講究實事求是，眾經理都能接受面對的挑戰。當然也有三兩個自知不力，自動遞信求去，我也不勉強。這些時間、精神花的很值得，彼此建立互信互助的精神，對日後的打拼有莫大幫助。

值得一提的是我還有兩樣不起眼的工作，第一是推動滙豐體育會，我是主席，力推體育活動，室內外全包。室外的不用多介紹，幾乎所有球類活動都有，銀行有專人負責訂場地，接受報名以及其他前序工作，費用象徵式收幾塊錢，其

滙豐「四大天王」出席運動會頒獎典禮，包括葉迪奇（左一）、王㴔世（左二）、劉智傑（右一）及柯清輝（右二）。攝於南區的運動場。

餘銀行補貼。室內的比較容易安排，就用銀行內場地，比如說，象棋、橋牌、字畫、瑜伽等等。為甚麼我要推動體育活動？很簡單，把不同級別的員工聚在一起，把體育活動的團結、合作精神帶到工作層面。每年安排四萬人次的活動，堪稱全港之冠。第二，我在滙豐銀行內部雜誌 *Wayfoong* 發表個人文章，有散文、議論文、記事文，每月都有文章刊登，吸引不少讀者（現在叫粉絲）。因為文章純屬個人觀感，以「大哥哥」的影子出現，跟弟妹們講出自己看法，深得人心。前後寫了好幾年，是雜誌的長青作家，寫得好不好是另外一回事。大家可以感覺到，銀行開始變，員工的態度也在變，客戶感受一樣在變。銀行進入一個新時代，在市場廣受推崇。

第 28 回

體現以客為尊的精神面貌

大概大家想知道，這個項目在 1990 年開動之後，跟着兩年滙豐銀行有甚麼進展？說得誇張，有點面目全非。第一，分行已經沒有公司貸款這功能。如果有潛在客戶上門詢問，在分行的行員會介紹他們去附近的貸款中心。好處是專業化，做貸款就做貸款。不好處是分化，好像河水不犯井水，各自「搵食」。以後相見，不至於形同陌路，但是距離拉開免不了。

第二，分行經過重新裝修，客戶區明顯擴大，體現以客為尊的精神面貌。記得以前說到銀行服務，好評價輪不到我們，但是不好的評分我們總是排在前頭。現在開始扭轉劣勢，時不時聽到客戶的表揚。難道對客戶的服務跟裝修有關？我認為有關係，諮詢專家也同意。因為當人搬進新地方，新簇簇的環境自然令人心情開朗，對上門客戶一定不一樣。如果是在亂糟糟、髒兮兮的地方工作，心情自然不好，最終影響客戶服務。

第三，分行內部工序改變，繁複的流程全部剝離，送到內勤中心處理。當然這工作屬於施德論旗下人員負責，大家可以放心。其實，這是他計劃中第一步，下一步是把這類工作，經過掃描傳送到廣州處理。第一是成本的考量，第二是人員不會有短缺，很多內地年輕人想進滙豐，正是解決香港缺人的問題。後來才知道，施德論還有第三步、第四步、把這個概念推廣到全球滙豐的所在地，共有七家這樣的後勤部門。接着出現電話中心，靠客戶電話打進來的信息，來處理客戶的要求。外人不知道內情，在美國打進來，以為是在美國的同事接電話，其實是在印度的同事接聽後處理。

第四，逐步出現客戶的分類服務。以前的滙豐是一家「社區銀行」，客戶不分大小，誰來幫襯都歡迎。但是數目告訴我們，不是每一個客戶都能帶給銀行應有的收益，有一定的存款或貸款銀行才有錢賺。等於説，滙豐銀行一直扮演的角色開始有變化，不再是一家社區銀行，逐漸恢復商業銀行的身份，也逐漸退出以前承擔「中央銀行」的功能。

第五，最有效的改變，在於滙豐軟實力的增強。其他改變都是硬件的改善，是重要，但並非絕對重要。絕對重要在於員工心態的改變，有人説：「滙豐不再是一隻沉睡的獅子。」滙豐的員工必須明白這變化帶來的影響，説得難聽，願意隨銀行改變而改變，留下。不願隨銀行改變，走人。我記得，在

1990到1992年，走了不少人，因為不習慣新做法、新人事、新作風。他們去哪？有的移民，有的跳槽，有的索性退休。

滙豐近代史上最大改變

這一役可以說是滙豐銀行近代史上最大的改變，重建新大樓固然重要，但是局限於硬件的改善，沒有改變員工的心態。這兩年，可以想像，我很忙。幾乎每個改變的環節都跟分行有關係，而且，我們在不引發大眾注意的情況下，逐步減少分行的數目。記得以前滙豐拼命開分行的笑話，街頭巷尾都有我們的招牌。逐漸變為合併、關閉，不再覺得「內疚」，其實也合理，始終滙豐是一家商業銀行，有自己的打算，不能一直扛着中央銀行這個包袱。

一晃眼，兩年過去。這個超大項目逐步實現，施偉富應記一功。靠他的斡旋，幾個關鍵部門合作無間，香港的局面穩中求進，滙豐銀行的轉型正是合時，可以說是新大樓落成後的黃金時代。另一方面，銀行在籌備成立英國總部，部分外派人員需要回歸，等於說，本地員工面對一次難得的升遷機會。經過大規模的轉型，大家對九七的疑慮逐步消除。所謂「危中有機」，可能在這時候大家有深刻的體會。

第 29 回

施偉富身體語言出賣了他

跟施偉富工作兩年，覺得他是一個大好人，很少發脾氣。逢事總有商量，不會一口拒絕。但是每個人都知道，做好人永遠吃虧。就算目前不吃虧，總有一天會吃虧。問自己：我也算是個好人，要求我做的事情，總會答應，而且努力去做。他有一個不自知的習慣，就是在他身體語言上露餡。你進他辦公室問他一件事，他覺得好，就馬上說好。如果他覺得不好，或者不太好。他會用腳把凳子向後推，離開你遠一點。然後顧左右而言他，讓你不得要領。如果誰不識相，繼續糾纏，他就會把凳子轉向 90 度，不看你，也認為你看不到他，不再講話，如同打坐冥想。這時候，他已「閉關」，你再說甚麼，有如耳邊風，一概聽不見。說是他的身體語言出賣他，有點不公平，很可能是他自己獨創的身體語言，告訴你：別煩我。

有一次我建議他買高爾夫俱樂部的會籍，不是小數目。他自然來那一套身體語言，把凳子向後推，最後轉身 90 度，然後老僧入定，不問世事。大概 5 分鐘之後，他轉回身，看見我還在，很詫異說：「怎麼還在？」我說：「你不簽，我不走。

手上的合約，不能再好，不簽就後悔莫及。」說他是好人，沒説錯，拿起筆就簽。用手指指了指我，甚麼也沒説，把手一揮，叫我離開。這筆錢很值得花，三個在深圳馳名的球會，一共 96 張會籍，不到 3,000 萬港幣。懂球的人就知道，這叫「執到寶」，施偉富要在滙豐高爾夫球的歷史上記一功。

史道登是滙豐高爾夫的鼻祖

但是，在施偉富與我之間有一位人物不能不提。他是史道登（Hugh Staunton），在香港高爾夫圈內有點名氣；在滙豐銀行，他的球技數一數二，差點三、四左右。這位高手跟我很有淵源，遠在 1974 年，我去所羅門羣島受訓的時候，他是當地那家分行的經理。這地方其實距離澳洲不遠，飛往最近距離的布里斯班大約一小時。滙豐銀行跟其他兩家澳洲銀行三分天下，我們一批批的見習專員被派到此地展開為期六個月的海外培訓。我是第四個到達分行的見習專員，跟第三個重疊一個月，他走了，我就扶正，要等第五個到來才有機會買棹歸航。島上有些華人，來這地方開荒，一般靠買賣雜貨維生。有時候寄錢回香港，給滙豐多少外匯生意。另外，讓我們開信用證，賺點手續費。對見習專員來説，麻雀雖小，五臟俱全，可以學習的技藝可不少。很多人都説，去過所羅門羣島，才有機會尋寶，寶就是在異地的見識。

史道登是經理，坦白地形容，根本沒事幹。讓他最活躍的地方是附近的高爾夫球場，每天去一次（還吩咐我不要説給香港知道）。有時候他自己開車，有時候叫我開車，讓他坐後面有點威嚴。我也樂意這麼做，開他去，就要開他回，開兩次車蠻過癮。否則在銀行瑣碎事煩心，不好。史道登只會講他打球如何精彩，我是不懂，只能裝明白。他大概覺得我悶聲不響，正所謂「孺子可教」，經常勸我學，首先要交入會申請表。要等多久不知道，但是總要有個開始。

聽説，這球會在香港很熱門，等上 20 年不稀奇。我沒聽他的，高爾夫球沒啥興趣，就擱下不理。等我 1990 年加拿大回來，又碰上他，而且咱們是同級，一樣是高級經理，彼此之間話就多一點，而且沒有上下級的壓力，可以講得輕鬆。他還是老樣子，在貸款部當高級經理，高爾夫球是他命根，一週跟客戶打三次球，好像施偉富也不管。一有空就過來講球經，一直慫恿我申請入會。由於他是高手，施偉富請他幫忙考察深圳那邊的球會，看看入會要多少錢，及哪家球會比較好。這件事一到他手上，如同石沉大海，全無消息。還是我忍不住他的拖拖拉拉，索性把所有文件檔案拿過來，我來搞。他是樂得清

閒，就「洗手不幹」，還告訴施偉富他打了退堂鼓。我不敢怠慢，實地考察好幾家球會，選出三家，算算賬，知道不超過施偉富的簽字權，趕緊把文件弄好交差。結果用上死纏爛打的方法讓他把文件簽了，算是一件賞心樂事。

說到史道登，不能不多花一點筆墨說說這個人。遠在 1975 年，是我在所羅門羣島培訓時的老闆。1990 年，我從加拿大回來管分行之際，他管公司業務，專門處理英資公司的借

史道登是我的高爾夫球「啟蒙老師」，令我愛上高爾夫球。攝於上海佘山國際高爾夫俱樂部。

貸。這些都不重要，反而更重要的是他「渡我升仙」，是教我打高爾夫球的師傅，從而上癮。他鼓吹我申請加入粉嶺高爾夫球會，雖然明知要等一段時間。（結果等了 26 年，才成為會員）為了培養我的興趣，有比賽總是跟我一起雙打，讓我可以靠他的技術，撈一個獎牌，等同今天所謂的「搕車邊」，他得獎，我也有獎。

他這個人一嘴愛爾蘭口音，不是每個人（包括外國人）能聽懂他的話，加上他整天含着煙斗，講話基本上別人聽不懂。我嘗試過，但是不成功，最多聽懂三成。我想出一個辦法，他説甚麼，不要理他，我説我的，不會不好意思。而且，他這個人不理別人，你説甚麼，他也無心裝載。等於「雞同鴨講」，互不相干。尤其打球之際，基本上可以完全不講話，以示專心。這就是滙豐可愛之處，取其專長而用之。可以想像，必然還有會喝酒的人，專門「劈酒」用。真的有，不騙你。

老外對我們難免有成見

史道登有趟「出洋相」，給我抓住嘲笑他一番。這故事發生在總行重建之際，我在做設計，安排諸位貸款部大佬在九樓

如何就座。他見我是舊部下，很不客氣説：「我自己來做，不用你幫忙，由我負責全層樓的排位。」好呀，請便。不過只能給他三天時間，過後就照我的方案。三天後，我一看他的圖則，怎麼這麼寬鬆？每個經理的配置等同別人一倍以上。再看清楚，原來他把新大樓中空部位也用上，難怪寬敞舒適，與眾不同。只好硬着頭皮點破他，還嘲笑他：「坐在中空的地方，風涼水冷，千金難買。」

史道登目前還在香港，經常在中環看到他，一把年紀行動不便，配了手杖。見面還是老樣子，説話還是口音很重。但是始終是我高爾夫球的師傅，也是典型滙豐老臣子，我對他還是蠻尊重的。值得一提的是他兒子，也在滙豐，同樣是高爾夫高手，有其父必有其子，沒説錯。

寫到這裡，我在想，過去十多年比較「要好」的老外，他們在別人眼中都屬於難弄的傢伙，而我似乎跟他們關係還不錯。施德論、馬素、史道登都是好的例子，還有加拿大的老外同事，別人覺得他們難搞，我倒沒問題。到底是甚麼道理？我也不知道。

忽然想起加拿大的華人有個説法：「有些華人是香蕉，黃皮白心；有些是芒果，黃皮黃心；有些老外是烚蛋，白皮黃心。」我是甚麼？其實我是甚麼，自己一點不介意。我的「理論」是要與眾不同，外國人對我們多少有點成見，覺得我們小器、不肯吃虧，不願出頭、有事退縮。不管做事或做人，我的態度都一樣：不要斤斤計較，今天吃虧上當，以後或有好報。老外對我們難免有成見，我希望能做橋樑，打通堵塞。不要忘本，我們始終是本地人，建設總是好過破壞。不少滙豐銀行的老外，退休後留在香港，把自己看成本地人，繼續支持本地活動，有力出力，很難得。好像施德論退休多年，繼續擔任不少公職，經常在中環看到他拿着公事包去開會。誰跟他開會，不預先準備好，誰倒霉。他肯定有許多尖鋭的問題把這人問到口啞啞。

說到退休，國際專員的規矩是 30 年服務或 53 歲，哪樣先到跟哪樣。一般人覺得早了一點，但是道理是要給他們退休後，有機會再去尋找另一份工作。如果跟香港 60 歲退休，那就很難再另找工作，反而面臨「坐食山崩」的危機。退休保障是一門專業，不容忽視。

第 30 回

人事調動有如擲飛鏢？

看我過去幾年在銀行的路線，説銀行有計劃、有安排，是騙人的；説沒有，也不公平。或許這麼説吧，有空位，再考慮誰去坐這個位置。以前，有人説笑話，説我們的人事部（現在叫人力資源），經理辦公室內有塊飛鏢靶，上面有名字，都是那些到期要調動的人馬，等到空位一出現，經理馬上擲飛鏢，看誰中鏢，就是誰上任。這肯定是假的，我怎麼都不信。

以我的職業生涯來説，調動算是頻繁。好像兩、三年就換崗（香港叫換位），不像我眾師兄，一個職位要待上好幾年，有個別甚至 20 年以上。調動頻繁好還是不好？要看個人的喜好。我喜歡調動，自然會説好。但是以升級機會來説，很難説。以我來説，四個字：「穩中求進」，有調動，也有升級，不求他想。

在 DSP 項目進行得如火如荼之際，施偉富告訴我，我在這項目已經兩年，開了個好頭，可以交給別人去跟進，另有差事給我。我沒説錯吧，有空位才找人，必然某處有個空位要人，就把我給放在「備選」位置上。哨子一吹，我就可以上任。過去幾趟都是這樣，不以為奇。問題是調去哪個位置？有點心急。一方面，我已經是高級經理，調去哪個位置，對下一步的升遷有影響。如果調派到一個冷門位置，等同打入冷宮，一入侯門深似海。

不久，施偉富找我，要我在沙發坐下，肯定不是好事，頭皮有點發麻。不過這趟，他倒沒有拖泥帶水，直接了當告訴我，銀行要「重返」中國，要我去策劃，甚至待下來開荒。不過不是現在，要等兩年，因為前任的合約還有兩年才滿。我一聽，就知道這事情不好辦。第一，宣佈還是不宣佈？秘密進行一般沒有好結果，紙包不住火，肯定洩漏。第二，宣佈肯定招來麻煩，因為前任的手下必然對他的位置有期盼，我突然插隊，準有人不爽，甚至不合作。第三，我現在調去哪兒？吊兒郎當可不是味道。第四，中國業務，我懂得不多，想要我走馬上任就能大步走，不實際。還有其他考慮，不細敘述。

捨我其誰的氣概，無法抗拒

施偉富那套本領又來了，先講滙豐銀行在內地的歷史，現在趁改革開放把往日光輝找回來，在滙豐歷史上再寫燦爛的篇章。一大堆亮麗的字句，加上一種「捨我其誰」的英雄氣

概，把我完全推倒，無法抗拒。算了，這想法也沒錯。咱們的確在內地有燦爛奪目的歷史，讓我去重振旗鼓是種榮耀，別把它看成酷刑。

眼看施偉富的面部表情開始有點舒緩，我就知道我的表情出賣了自己。好吧，先去哪裏？他馬上又來另一套好話，在中國貸款非同一般，要向大師級人馬學藝，去跟 SK 吧。SK 是大師兄的簡稱，在總行貸款超過 20 年，專攻製造與貿易，的確是大師級人物，行內外夙負盛名，跟他學藝肯定是好事。心想「既來之，則安之」，看來不是壞事，還可以跟大師兄學藝。多口一問：「大師兄去哪？」施回我說：「我們在跟紐約聯繫，他想去美國。」

施補多一句，給我六個月接任。一般是三個星期，怎麼？怕我不夠時間學習他的章法？六個月最好不過。有機會聽大師兄教導，機會難得。在對話結束前，他壓低喉嚨告訴我：「現在甚麼也別講，而且未來兩年，假裝沒有到中國這安排，到時候我會宣佈。」他加強語氣，把食指放在雙唇間，煞有介事補一句：「要有耐心，這兩年不會有任何公文證明這次的調職。」我就開始假裝不知道有這樣的安排。

第 31 回

跟大師兄學藝，三生有幸

1992 年，跳槽到公司業務，跟大師兄學藝，有六個月的交替。這樣妥善的安排，我無話可説。不過聽別人説，大師兄有點脾氣，最好自己小心，注意細節，不要給他機會發我脾氣。説出來有點嚇人，他負責總行九個貸款部門，計有三個製造行業及六個貿易行業。分別是：電子及玩具、紡織及製衣、其他各式各樣的廠商；加上香港、印度(有在岸與離岸)、韓國、日本、歐美等地賣貨來港的公司。

以香港為例，幾家大型百貨公司是典型代表。日本有好幾家株式會社；韓國也有幾個大牌子。基本上跟滙豐銀行都有來往，生意興隆，因此大師兄很忙，天天要看很多貸款申請書。他又看得仔細，拿一支鉛筆剔剔剔，有不妥馬上叫負責人前來解釋，再不滿意要重新來過。不少下屬看到他手騰腳震，講多錯多。他説 :「不是這樣，不行。樣樣靠上頭守龍門，本末倒置。」也不是沒道理，貸款與其他服務性業務不同，不能出一點點錯。

第一個星期，坐在他桌子前邊，準備「學藝」。怎麼開始

呢？他建議我拿三份申請去研究研究，等會再討論。師兄有令，自然多幾分肉緊，馬上找地方坐下，靜心閱讀。一看就懂，為甚麼師兄會發脾氣。一大堆材料全放進去，你要甚麼都有，你自己挑，不要怪我材料不足。就是因為一大堆材料，很散且很難看得明白為甚麼要借？借了錢怎麼還？這才是核心，現在是大鍋飯，甚麼東西都放進去。

完成師兄吩咐的作業，回到他辦公室。他很和氣地問：「第一個申請如何？借不借？」哇，好像考試！有點猶豫，低聲回他：「不借。」他馬上回應：「對啦，不借。」沒想到他接着問：「有幾個理由呀？」看到他有張紙，上面寫了一堆東西，用手按住，不讓我看見。我一下子知道，這回出洋相了。戰戰兢兢說：「有三個理由。」他沒說我錯，只是說還有兩個，蠻重要的不能漏掉。有點「瘀」，一時間不知如何回答。他接着說：「那個美國301條款要注意，隨時死人，一鋪輸清。」我可不懂甚麼301，可是知道要學的東西真不少。我也感激大師兄沒發我脾氣，我必須承認不足，要自我檢討，加快學習。

銀行不是當舖，有磚頭就掂

一週過去，他給我的感覺是無所不知，大環境、小環境均瞭如指掌。人家的現金流可以算得比老闆更清楚。他總是說：「貸款看現金流，現金長期不夠等執笠。」他的名言很多，其中一句最經典：「做銀行不同開當舖，有磚頭就掂。」（磚頭是房地產的俗稱）他的押匯經驗我敢說是天下無敵。貨怎麼來，怎麼走，甚麼來價，賣甚麼價錢，一點都不含糊。不僅如此，他還會上門看看客戶的工廠如何運作，原料放哪裏，夠用多久。還會請人開箱檢查原料是否還能用。老實說，跟他一起去，簡直是大開眼界。提出的問題刁鑽無比，從來沒人考慮過。不怕一萬，最怕萬一，就是他的原則。如果任何人有異議，他一定會說，錢不是我們的，是客戶的，要我們暫時保管而已，怎麼能輸掉？

大師兄還有一個絕招，坐在客戶包裝部門，協助包裝工人一起打包。一方面看出口貨的質量，另一方面在計算出口貨的數量，評估跟貸款額度是否匹配。同時，跟工人坐在一起大半天，肯定聽到一些內幕消息。他為銀行工作的付出，並不是每個高層都知道。他實在是好榜樣，在他面前我真的覺得慚愧，他是全情投入，能夠拜師向他學習，是我的運氣。

大師兄 SK 有一樣愛好遠近馳名，就是氣功。我是外行，不知道他的修為屬哪個級別，但是我知道他是非常迷，天天練，包括上班時間。以前，我走過他辦公室門口，他把房門關了，百葉簾拉下（這時候已裝回百葉簾），隱約看見有人慢動作地揮動手腳，原來大師兄在練氣功，難怪走廊有點風聲。現在我跟他同一房間，他有段時間要練功，不好意思叫我出去走走，就説我在旁邊看看不妨。我就悶聲不響坐在旁邊看報紙，也想趁機會看看氣功這門學問是甚麼概念。

大師兄有幽默感，不冷漠

一般他在晨禱前練功，20 分鐘左右。練完精神好像好很多，我想應該對身體有幫助。我也想學，但是怕自己沒恆心，放棄會給他罵，所以一直沒開口，只是經常表示心中的好奇。有時候，看他心情好，跟他開玩笑，説他練完功，開燈不用走過去，手指一指就搞定。他也不怪我，笑笑説：「還沒到，總有一天。」認識他時間長，就知道大師兄還是頗有幽默感，不像別人所説那樣冷漠。

剛才説到晨禱，不能不介紹。這是滙豐銀行的慣常動作，每天早上 8 時半由總經理主持。如果他不在，則由副總經理代為主持。主要是讓管外匯的高級經理告訴大家外匯走勢，美元怎樣、英鎊怎樣等等。還有那些隔夜的市場消息，等大家開工前對市場有個概念。總經理聽完，有機會給些指示，例如：「房貸按揭要抓緊一點，我們不要跟行家搶市場，不必要。」其實，大家心中有數，老總只是提醒大家而已。

每個人坐的位置不是完全隨意，總經理必然坐主席位置，其餘副總經理兩邊排開，每邊各兩位。如果不在，他的位置可以別人坐，不要緊。其餘的位置沒有特別安排，隨便坐。大師兄喜歡坐在主席位置的對面，比較寬敞。而且他有許多手部運動，加強血脈運行。其中一樣是搓手，大概兩、三分鐘後，感覺一下是否發燙。我在他旁邊，自然要幫他測試。我的習慣是逢三進一，三次中有一次會說：「好像有點燙。」我的手不能碰到他，只能懸空在手背上約兩厘米的距離測試。我說有感覺那一次，他會叫我再試一次，然後確認。可以想像，兩個人喃喃有詞，總經理肯定知道是我們兩個人在做測試，也不理會。

銀行貸款大師級，華人之光

晨禱一般五、六分鐘結束，各自回辦公室。我倆一路

走，一路繼續測試。我愈是說得正面，大師兄愈是為自己的突破而高興。進了辦公室還會繼續練上一會，所有貸款申請暫時放一旁。我跟師兄這段日子學會很多東西。工作上，他看事物多元化，而且經常正中紅心。生活上，他有自己一套，別人說甚麼，跟他無關。我相信，師兄也會覺得我這個徒弟值得再造，用他的字句，再造就是「翻醃」，舊的扔掉，換新的。

大師兄對貸款滾瓜爛熟，但是對內地的貸款有意見。當年內地的貸款一般是由地方政府的窗口公司向外資銀行借美元貸款，再由窗口公司借給跟政府有關的地方企業。窗口公司如同中介，借回來再借出去。銀行想看借款人的財務報表，基本上沒有，有的話也是隨意做出來的，不可信。我們貸款靠的是地方政府的保函，有時候甚至不是保函，只是一張認可文件，就是說地方政府認可這筆貸款。借出去的錢給了相關的企業搞項目，成功完成，有錢回籠，還給銀行；如果倒霉，項目不好，沒錢回籠，銀行叫冤。大師兄很客氣，自認不懂這門學問。不是看財務報表，也不知道對方把錢給了誰用，做甚麼項目也不知道，這種生意誰敢做？師兄說得對。

但是那個時候，外資銀行不做這種生意，就沒生意。而且當年每家銀行的高層都看好中國市場，明明風浪大，打傘也要衝進去，顧不得全身濕透。還好的是經濟不差，大環境讓地方政府賺錢。我在師兄的警惕下，對內地的貸款特別關注，因隨時輸錢。六個月後，師兄調走了，我是滿心感激。難得有專家在旁多關照與指點，銘記於心。我也感激施偉富這樣的安排，給我六個月時間學習。不敢説自己已經畢業，但是學會小心走路，地雷滿佈，一步都不能走錯。兩年後，師兄終於在紐約退休，聽説當地同事美譽他為「華人之光」。

第六章

洞燭先機
帶頭進駐上海浦東

1997年，中央政府宣佈打造浦東陸家嘴為國際金融中心。外資銀行必須將國內總部搬到陸家嘴，以獲取將來經營人民幣業務的資格。隨即掀起熱潮，以滙豐為首的外資銀行立馬行動，物色合適商業大樓，招兵買馬，加強實力。滙豐趁勢展開發展內地業務的步伐。

第 32 回

秘密任命，蒙面做事

到了 1994 年，到期過檔中國部。施偉富兩年前吩咐我要保持低調，人前人後當沒這回事。我忍住，甚麼也沒說，人家問起，我裝傻。終歸是兩年時間，憋得有點困難。不過「軍令如山」，死忍。到了過檔那一天，很有意思，中國部老總（外國人）馬上給我一個「冷肩膀」，問我來幹甚麼。我說來報到，他說沒收到通知。叫我在門口沙發上坐一會，等他去問問。我就好像看醫生那樣，一坐就是一個多小時。結果叫人去見他的一名下屬，說我來接替他。對方不知道如何處理我這個「燙手山芋」，只好叫我坐一旁等「發落」。

讓我解釋一下，中國部是甚麼概念，為何大家對它有所敬畏。大家要理解，滙豐銀行在香港各部門有這樣的區分：完全是香港的業務，歸香港總管理處管，老總只有一個，就是施偉富。其他地方的業務，例如中國內地、新加坡、馬來西亞、菲律賓等等歸亞太區總管理處管，另有一位老總負責，跟香港老總平起平坐，兩人均向董事長匯報。除了中國內地的負責人身處香港，其餘負責人身處當地的辦公室。所以，中國內地的管理有點怪，人在香港卻要管內地業務。而且部門人也不少，至少五、六十人。管轄範圍覆蓋全中國內地的分行，當時不過是五家分行，計有上海、深圳、青島、天津及廈門。

董事長的指引是要把中國內地業務的管理團隊搬到內地，目標是上海，因為滙豐銀行的業務遠在 1865 年就在香港與上海同步展開，所以稱為香港上海滙豐銀行，把香港、上海兩個城市寫進去。他的指引很合理，管理的功能應該是在岸，比較到位；而不是離岸，那就變成遙控，不及時也不有效。

但是也不能，或許也不需要把全部同事搬到內地，尤其是負責貸款審批的那一類。因為審批的過程在香港進行是可以接受，並且不影響效率。等於説，我面對的又是一個項目：把非貸款的管理功能搬到上海，發揮更高效的管理功能。借着管理功能的北移，加強本地化，培養人才準備逐步接管管理功能。看來要十年、八年的時間才能完成任務，雖然施偉富並沒有跟我説到這一點，大概害怕我聽完就「縮沙」，推辭不幹。

跨越大江南北，闖過三山五嶽

到了這時候，我年紀不大也不小，在銀行工作剛巧 20

年。説我運氣好，可以；説我運氣不好，也可以。這些年來，不怕沒有工作，到時候總有。但是總是「豬頭骨」，有骨頭沒甚麼肉，要啃，並且是拼命啃，才有一點肉。現在給我這一份工作，還要「蒙面」，不讓人知道我原來是臥底，給人發現死定。整件事情合情合理，把管理功能搬去上海，逐步擴大。把貸款審批功能暫且留在香港，而上海成為一個半獨立單位，以開發分行業務為核心思想。這自然需要一個在岸的總裁，而不應該有一個離岸的總裁。這是銀行頂層的想法，也是應對中國內地的監管要求。要來就要有一個跟着一起來的總裁，否則不批設立總部的申請。

全部合理，應該如期進行，横豎新的總裁已待命。但是，有些人事上的問題尚未解決。前任要一年後才離任，而且不能宣佈新的總裁是誰？當然可以猜，不能宣佈就是。記得跟貸款部的大師兄的對接是六個月，如魚得水，可以跟他學藝。現在來一招「暗渡陳倉」，不准講出來，我在這個中國部準備幹甚麼！有點怪，更有點尷尬。幸好我做事一早就習慣低調，絕不打草驚蛇。辦公室不給，沒關係。找張空桌一樣可以幹活，怕人見笑，找機會出門，到內地看看分行，横豎將來要自己管理。秘書不給，沒關係。找以前的秘書幫幫忙，横豎要打字的東西不多。職務不能「露點」，不能説是候任總裁，只能說是內地分行高級經理，那也無所謂，盡在不言中就好。

我把這一年作為學習的好機會，橫豎中國這麼大，戰前我們已有14家分行，現在只有5家，大有空間拓展。趁有空，四處尋找目標城市，將來開分行心中有數。每週在內地跑，說得誇張，跨越大江南北，闖過三山五嶽。早上起床，眼一睜開，看見白色天花板，心中忐忑，問自己：「這是甚麼地方？」打個哈哈，管他，又是一天的開始。

第 33 回

典雅、壯觀的舊大樓，該怎麼辦？

不要以為上任前那一年，我只是四處跑，不務正業。其實有一件事情非常重要，但是拖拖拉拉超過十年。就是購買舊大樓的計劃，始終無法落實。上頭給我的信息很簡單，再去摸底，到底「我們站在哪裏？」。原文是英語，就是説，到底甚麼情況？這件事情很棘手，裏外都是。對外來説，對方一問，我就沒話好説。問甚麼？對方肯定會問：「原來不是有個老外，一直在跟我們談，現在換人啦，是嗎？」我怎麼回答？對內來説，前任知道，問我想幹嘛？我怎麼回答？而且所有過去的文件全在他手上，我看不到。要我去跟進，簡直是為我挖坑，要我跳下去。但是軍令如山，不能不從。只好硬着頭皮上馬，打道上海，探路去也。

先讓我解釋一下這棟大樓的重要性。這棟在外灘的大樓是上海的地標，無人不知道這是滙豐銀行的老大樓。看上去的確宏偉，外灘任何一棟樓都無法相比。不是自誇，不信的話今天去看看，就知道此言不虛。不是典雅、壯觀的設計讓我們念念不忘，而是它代表了滙豐銀行在中國發展的歷史，年長一輩的管理層對老大樓有深厚感情。走進大堂，就像回到以前的日

位於上海外灘的滙豐銀行大樓，曾被譽為外灘建築羣中最漂亮的建築。

子，跟香港的老大樓很相似，有馬賽克天花，雄偉的大理石柱子與地板。站在大堂，就能感受銀行的威猛氣派，以及過去的光輝歲月。大樓的價值不能用金錢來衡量，它具備不可抹滅的歷史意義。如果能夠重返大樓發展業務，肯定給滙豐銀行無上的光榮，表現出深層次的歸屬感。

【後來我接任，看過舊文件，原來有許許多多的背景資料，但是基於保密的原因，我不能，也不應該這裏複述。】

對我來說，身為上海人，對老大樓特別有感情。連我的長輩都有同感，經常提起它，說到從前的日子能夠在門口經

過，就已經是很了不起的事情。說到自己是上海人，銀行沒想到這是我一條「活路」，上天開了口讓我進去，找到原因，為何以前的洽談不得要領？上海人見面，總是有種特別的親切感，尤其是我從香港而來，他們特別客氣，打開話匣子就停不下來。

讓我覺得銀行想找到真正的原因，一定不能夠「走正路」，擺明車馬上門問清楚，甚至擺出姿態來一句：「你到底想怎樣？」也不是說要走「偏門」，只是在上海，走上海人喜歡走的路，自然能夠摸出頭緒。第一件事，去找我的老客戶邵爵士，他是老上海。在老人家面前，先是客氣，再客氣，道明來意是要請教高明，加上淺淺一鞠躬。他是一向穩重的老前輩，說話自然有內涵。他問：「這事情可以用錢解決嗎？」我搖搖頭。他接着說：「那就是問題所在，你們一直在說錢的問題。」話中有話，意思說，不能講錢。

跟上海人交往，先要講心

拜別之後，一直在想這問題。俗語說：「不講錢，就要講心。」如何講心？飯桌上最容易。馬上安排在上海講心。不要誤會，以為我在飯桌上下「重注」，這不是我的風格。反而，我跟他們講故事。上海的故事，我聽家中老人家講得多，有些對方未必聽過。比如説，城隍廟的故事、靜安寺的前身、外白渡橋的來由、延安路上的洋涇浜等等……讓他們聽出耳油。故事是聽不完的，等於説還有下一回。這種事情急不來，要再來兩三回才能講到心裏話。

人家説，先做朋友再做生意，在上海這話一點沒錯（其實其他地方也一樣）。來過兩三次，結果自己變成為他們口中「滙豐銀行那個上海人」，特別親切。大家熟悉了，好説話。我跟他們説，其實我不是上海人，我是上海浦東人。我是鄉下人，出來城市打工而已。他們聽了就取笑我，説我肯定發財。為甚麼？因為已經聽到消息要發展浦東陸家嘴，成為國際金融中心。外資銀行必須在那邊設立總部，才能發展中國內地的業務。

這消息可不簡單，原來是準備在浦東發展，那就沒必要在黃浦江那邊糾纏。不管消息是真是假，給我很大啟示，很多事情都談不攏，變數很多。心想，浦東房地產行情看漲，僧多粥少，肯定要手腳敏捷，立即物色新行址。靈機一觸，跑上黃浦江的輪渡，拍了很多照片，回港向高層交代。突然想起「三十年河東，三十年河西」這句話，難道真是輪到在東邊的

浦東獨領風騷？

回到香港，寫了一個很短的報告：「未來 30 年，要看河東。」大家都懂我的意思。今天回想，複雜的事情往往有很簡單的解決方案。是不？

第 34 回

內地事離不開「推、避、拖」

說到老大樓，不是三言兩語能夠說完，趁此機會補充一下，有些誤區需要解釋。第一，不少人說對方開價很高，導致談不攏。其實，我不覺得雙方談過價格。或許這是敏感議題，大家過去一直是口頭上探討，並沒有寫在紀錄裏。但是，我想這棟大樓有點像古董，甚麼價錢才對，誰也說不清。第二，有件事情由市府內某要人提出，把事情複雜化。他說，要我們考慮這麼多年來的「管理費」，因為大樓是對方代管，理應由買家承擔管理費。其實，這說法不對，因為遠在 1954 年，雙方已交割清楚，把在岸資產對沖在岸負債，兩不相欠，根本不存在誰幫誰管理大樓的問題。滙豐銀行交割後搬到圓明園路繼續經營，直到 1997 年搬到浦東陸家嘴，展開新一頁。

第三，講到老大樓，大家的焦點一直放在前面那棟大樓，其實「累事」是後面的那棟樓，稱為「小滙豐」。大樓不高，比前面的矮一截，並提供老大樓所需的水電煤，不過佔地不小。因此，銀行的想法是將「小滙豐」改建為寫字樓，前面的老大樓當作銀行大堂與展示廳，辦公場所則設在新的「小滙

豐」裏面。這樣的打算很不錯，但是遭受頗多的反對。相信不是說不好，只是沒人可以直接了當拍板決定，進入拖拖拉拉的局面，結果走不下去。

不要忘記，這是 20 多年前的事。那時候的風氣是「多一事不如少一事」，有事先推。推不了，請示上級領導，再想辦法推。推不了，請示再上級領導。不能推，則避。避不了，就拖。一件事要拖很久，基本上是鬥耐性。所以老大樓的事一拖就是十幾年，急不來。對我們來說，進不了，就要退，退而求其次。問題是很可能讓對方覺得不爽，等於進退兩難。相信跑中國內地業務的人都有同樣經驗，進退兩難是平常事，所以說內地的事情難在這裏。

逐步帶動「說得到，辦得到」

大概是這個原因，我的前任覺得我難以勝任，因為他在位 20 多年都面對各種難度，我新簇簇怎麼能搞得來？那是很有根據的猜測，不會反對。但是有一點很重要的改變，正在內地發生，而不是一般在香港工作的人能夠察覺，那是 1997 年之前一段時間。甚麼變化？人的態度！不想拖，相反，想做事情。舉個例子，上海的延安路高架道路，一下子蓋好，因為它是上海東西向的大動脈，通車帶來的方便與經濟效用難以估計。另外，浦東陸家嘴的發展，簡直不可思議。當滙豐銀行決定不再購回老大樓之後，我們一心一意要去浦東，爭取成為第一家落地的外資銀行。1997 年前，只有十來棟大樓可供選擇作為行址。在中央宣佈把浦東定位為國際金融中心之後，新的大樓如同雨後春筍，一下子湧現。可以看得出，要做就很快能做到的決心。以前沒有這種動力，大家似乎都在等，等上面吹哨子，你不吹我不動。更有趣的是延安路隧道，本來要收費，一程 15 元人民幣。可是為了要加速陸家嘴的開發，一下子不收錢，馬上暢通無阻。完全體現「說得到，辦得到」那種「革命」精神。

我運氣好，看到這種改變。估計我的前任絕對不相信，短短幾年中國內地會有這樣翻天覆地的變化。如果問我，是甚麼力量推動這場巨大的變化？我有自己的看法，別人也會有，而且很可能不一樣。就算我自己的看法，當時是這樣，20 多年後的看法，又可能不一樣。中國的變化真是不可思議，任何時候給出的答案都不一樣，如同盲人摸象，很難有人能夠一窺全豹，代表絕對真理。

我想，第一個理由在於大家以前一起窮過，不想再窮。

現在有機會翻身，誰也不想拖，想快點實現「人民大翻身」。以上海為例，我從 1994 年開始「跑碼頭」，圓明園路的辦公環境破舊不堪，電梯裏有個阿姨把守，坐在板凳上，一天兩餐都在裏面，吃甚麼一目了然，榨菜、蘿蔔乾是必然的配菜。電梯外邊是無數的單車，又舊又髒，上下班全靠單車代步。冬天辦公室暖氣不足，大家穿了大衣工作。還有許許多多困苦的景象，目睹才有體會。我運氣好，能夠看到這變化的分水嶺。回頭看，有無限的感慨，也有莫大的振奮。

房屋改造帶來巨大財富

除了心態上，大家都想賺一點錢，手腳勤快之外，還有一項事情很重要。在內地辦事，一般要有「吹哨人」，有人吹哨，馬上行動。沒人吹哨，大家就觀望，不敢動。不是一般人都可以做「吹哨人」，一定是「高大上」的領導人。我說的是有權的領導，不是電影中所說的「高大上」。例如鄧小平在 1979 年宣佈改革開放，大家就活動起來，在中國各地創造一片新景象。到了 1997 年，他又宣佈浦東陸家嘴的對外開放，外資銀行與企業馬上衝進來，一片熱烘烘。

大家知道有句話，笑話上海人不喜歡浦東，連過來上班

浦東陸家嘴對外開放後，外資公司紛紛湧入，相片下方為陸家嘴金融區。

都覺得彆扭。銀行迫於無奈，只好安排所謂「班車」，有三輛大巴，上下班使用。起初覺得很方便，而且準時上下班，很好。沒想到地鐵馬上通車，而且第二條隧道也打通。等於四通八達，班車再也沒人乘搭，因為地鐵方便多了。另外，還有人開車上下班，以前這種事情不敢想像。只有總裁才有輛車，上下班用，已經威風十足。

如果問我，工資是不是高很多。不見得很高，高是高了一點，一般員工還是五六千，或高級一點，七八千而已。照規

矩是吃不消高消費，怎麼突然富裕起來？正如鄧小平所説，先讓一部分人富起來。我看，關鍵在於房子的改造上面。改造房子的住戶有一筆動遷費，等於説，政府給你錢，換你的房子來重建。只要搬到遠一點，手上的錢可以換套大一點的，而且還有點錢剩下，一舉兩得。加上經濟發達，商業活動頻繁，需要新人口，市場幾乎是充分就業。跳槽也頻繁，因為一山還有一山高，總有人出得高，想挖人。這種水漲船高的現象，在 1994 年左右開始呈現，到了 2003 年非典侵襲才有所收斂。非典平息之後，市場一直暢旺。

自己的大樓要有冠名權

即使 2008 年金融風暴把別個國家搞得半死不活，中國政府拿出 4 萬億資金搞活經濟。用「乘數原理」，用錢愈多，社會愈會積累更多財富，市道繼續暢旺多年。所以説，滙豐銀行運氣好，我也運氣好。1995 年接手中國內地分行業務，經濟開始有點動感，開分行也是一路順風，差不多一年一家分行，羨煞旁人。不過不要太滿意自己的「成就」，比起我上任時接受的指令還差兩項沒完成。

第一項，在上海設立滙豐銀行總管理處。第二項，搬進自己的大樓。有自己的大樓是滙豐銀行的必然動作。這兩項都有一定的難度，讓我解釋。當時內地沒有外資銀行總管理處的概念，因為所有在岸的分行都是總行的分行，換句話説，內地的分行反而是香港總行的分行，是不是不合理？等於説，已經埋下伏線，將來必然會把內地的分行脱離香港管轄，納入另外一個獨立法人機構直接管理。（獨立法人是內地的術語，指一個獨立負責的單元）既然滙豐銀行在內地尚未是獨立法人，又怎樣能設立總管理處來管轄內地的分行呢？雖然「錯」不在我，但是我需要不斷爭取成為獨立法人。可是針無兩頭利，要成為法人銀行，要走許多法律程序，而且沒理由只為滙豐銀行做這件事。所以，一直「僵持不下」，搞了好幾年，依然處於「熱議」中。（結果在 2007 年成事，各家外資銀行正式申請成立法人銀行）

第二項，不涉及本地的法規，似乎較為容易處理。實現滙豐銀行的理想，要搬進自己的大樓。難度在於「自己」這兩個字，應如何解讀「自己」兩個字？可以是自己蓋的大樓，也可以是租的大樓，不過有冠名權。前者難，而後者容易。但是在上海要找到合適的大樓有難度。第一，商業大樓不想租給銀行，因為銀行晚上關門，大樓變為冷清清。第二，租的面積不大，但是想要冠名權，沒有生意人會做這等傻事。外資銀行當

時規模有限，滙豐在上海也不過是 200 人左右，最多需要兩層樓，佔總面積 10-20%，人家絕對不肯把自己的大樓讓出冠名權。這時候，我已經跑內地業務接近五年。三項任務，完成其一。其餘兩項遙遙無期，怎麼好意思去談調職的事情。繼續努力，方為上策。

第 35 回

面對「不可能」完成的任務

對於尚未完成的任務，一是總部，二是大樓，必須雙管齊下，而且要快馬加鞭。雖然施偉富並沒有給我壓力，但是自己知道事不宜遲，倫敦總會給他壓力，不能一直拖下去。我只能靠關係，經常向人民銀行的領導解釋我的苦衷。但是又有何用？沒有法人，就沒有總部；沒有總部，就沒有總裁。結果，給我想出一條權宜之計。倫敦要我駐守上海，叫甚麼不在意。監管不介意我人駐守上海，但是不能叫總裁，要有一個他們可以按照規例批准的職務。

有辦法，申請辦一家銀行的代表處，我是總代表，代表銀行斡旋一切內地的事宜，不參加業務協商討論。雖然聽上去，好像沒事幹，整天游手好閒那種人。但是可以滿足各方面的要求，不失為一個好辦法。以防倫敦還是不滿意，設置一個內部頭銜，叫「中國業務總裁」，不放在名片上沒問題，對外還是總代表。看來蠻像樣，接近完美。有了名銜，要看何時搬遷到上海？

要找一棟適合的大樓，有幾點困難。第一，要有氣派，

內外兼修；第二，不能跟不等樣的商業機構在一起，要注意身份；第三，最重要一點，要有冠名權，一看就知道，這棟樓「屬於」滙豐銀行；第四，要買，不要租，怕他日給業主趕走；第五，最好低於市場價，以防樓價回落，不會虧。一看以上清單，就知道機會是可遇不可求。

首先，那時候在浦東陸家嘴可供選擇的大樓不多。其次，找地方自建需要時間，而且不想做大業主，負責租賃很麻煩。找香港發展商建造，讓幾層樓給我們，再給冠名權，幾乎是天方夜譚。再者，本地大樓管理水平低，一般大樓入伙沒多久，就不堪折舊。種種問題放在面前，不得不承認這是一項無法完成的任務。

踏破鐵鞋，得來全不費工夫

天無絕人之路，給我遇上一個很偶然的機會，我有位在總行貸款部的日本老客戶來找我，想在上海貸款，以為我可以安排洽談。很快我們在香港會晤，對方道明來意，想在浦東陸家嘴蓋大樓，超級高那種，需要大量融資。我說沒問題，讓我馬上安排相關人士跟進，再補一句：「你有眼光，看中寶地，一級棒。」

我接着説，同樣我們也看中陸家嘴，想找地方成立總部，可否談談你們那棟樓？他們剛建好一棟大樓，準備租給在華的日資公司。我在想，既然對方準備蓋另外一棟超高的大樓，這棟樓必然落入冷宮，或許是我們介入的好機會。一談就是兩個多小時，結果我要請出老大跟對方見面，以示我們的誠意，加大協商的力度。

雙方很快有第二次見面。對方很爽快，條件大部分接受，只是加一個先租後買的條款。我不敢相信這是真的，會後

位於浦東陸家嘴的滙豐中國總部大樓。

一個人坐在會議室，久久無法平復心情。真是「踏破鐵鞋無覓處，得來全不費工夫」的現代版。不久，雙方簽約落實。下一步是要決定，樓頂上的冠名該是怎樣？這不難，心想。

有個小故事值得後記。到了亮燈儀式那個晚上，天不作美下大雨，但是不阻礙亮燈，賓客盈門，是個令人振奮的時刻。還有半小時亮燈，日籍技師突然發現，原來樓頂的燈是漸進發亮的，不能按照我們心目中要求，主持人一按就亮那種場面。必須要等 5 分鐘才會亮到十足。這怎麼辦？工作人員都懵了，不是馬上亮燈，賓客會以為出了意外，那就失禮而且失威。外面下着大雨，大家面面相覷。有了，有個日籍技師說；先把燈開了，然後用黑布把燈蓋住，外面看不到。等待主持人一按，下面就通知上面把黑布拉掉。他們有黑布，原本是用來保護屋頂用的。正好，有救兵，天助我也。顧不得下大雨，眾人衝上屋頂，把燈開了，再把黑布蓋上。我在樓下酒會現場發號施令，結果順利完成。看到屋頂上滙豐兩個字在雨點中顯得特別光亮，每個人忍不住歡欣呼叫。

正是象徵一個美好的開始。

第 36 回

中國業務，不管行業總有委屈

從事中國業務的人，不管在哪裏，不管甚麼行業，他們之間的最大公約數 HCF，就是工作上有委屈。不管是對外，還是對內，都是一樣，不管是否自己錯，結果都是自己錯。為甚麼這麼說？外邊的事主要跟衙門打交道，一句話，永遠有理說不清。自己對很容易對變為錯，錯更不用說，錯上錯。有人會說，現在不是這樣呀。是的，現在不是，但是 20 多年前是這樣啊。如果當年跑過批文，就知道此言不虛，受委屈是平常事。對內也一樣，總部總在催逼，為甚麼做不到？如果人家做到，而自己做不到，更慘，隨時烏紗不保。滙豐銀行的情況更複雜，香港有香港總部，倫敦有集團總部，裏面的領導一籮籮。後者對中國的認識全靠看報紙，《金融時報》等等少有正面報導，總是想抹黑中國內地，我們作為先驅，簡直是自尋煩惱。最討厭的是他們因無知而產生的鄙視，開分行本來是好事，起碼為將來鋪墊。但是總部那些管賬的人要我們弄清楚三年規劃，甚麼時候會是拐點，開始賺錢。

內地這種地方，在 90 年代那個時候，只有一種想法最正確：霸地盤。每個開放城市（除了四大，北上廣深）可以容許開業經營的外資銀行不外乎三四家，就算開了分行，可以做的

生意以處理出口單據為主，賺不了多少錢，不輸錢算托賴。監管的選擇有一定的智慧，把外資跟國家背景來定位，如果是二線城市，最多四家：美資、英資、日資加上港資。很容易知道，誰會上榜。美資只有一家：花旗；英資：滙豐或渣打；日資有三家可供選擇；港資就是東亞。當然你選人，人選你。不一定都來，那麼就考慮後備。放心，總有後備。因為監管機構一早會跟外資銀行說好，這城市發展前景不錯，可以考慮考慮，聽到這話，自然心中有數。如果說，我們還要做個五年利潤估算再考慮，讓人傻眼了。這種「遊戲規則」，老外很難搞得懂，尤其遠在英國，總是覺得我在中國自把自為，是一個難以管理的「藩鎮」，心中可能這麼想：除之而後快。

貸款如履薄冰，不輸錢命長久

如果真要算賬，外資銀行一家分行大概的盈虧是怎樣。銀行最基本開銷有兩樣：人與租。人大約十來個，兩個香港人做管理，一正一副。其餘三個「科長」加上六七個「科員」，主要工作是「跑單」。有兩種單：出口單以及信用卡的簽單。出口單是一些外貿公司賣貨去歐美國家，比如說 500 打毛巾，3,000 雙球鞋。出口單再分製造前及製造後，前者需要錢買材料開工，後者可以讓錢先回籠，銀行從中賺點利息加上手續費，不過都是蠅頭小利。跑單的同事經常說到他們的苦處，要跟這些單位談上半天，才跑到 50 萬美元的出口單，能賺多少，大家心中有數。信用卡單據更是雷聲大雨點小，當年外邊人進中國在餐館消費（也有在唱 K 的地方），經常用信用卡埋單，這種單據要靠外資銀行到外國收賬。一張單據一兩百，十張加起來一兩千，總數可以收 2-3% 的手續費，大家可以算得出賺多少錢。一句話，不虧算贏。

如果是有項目貸款，最好。送回香港總部處理，他們有專人負責審批。我們這邊根本沒能力插手，不懂。我的原則是：貸款不輸錢，命長久。這時候，從大師兄那邊學到的東西全都用得上。最適用一句話：「搞不清楚，走為上着。」到底盈虧怎麼算，老實說，算來沒意思。我的總部看總賬，只要成本可控就不囉嗦。問題其實不在錢，在於人，找不到人才是問題。每家分行起碼兩個香港人，而且需要分行經驗。說起來，好像不難。其實在內地的分行就像一家小銀行，所謂「麻雀雖小，五臟俱全」，就是這個意思。香港的分行只要跟客戶打好關係就好，其餘的事情交給中央後勤處理。所以，真正會處理分行事務的人不多，會瞎扯的倒不少，我做全權負責人，不如說負全責的人，每樣事情要盯緊，如履薄冰。

這時候，想起「不求有功，但求無過」這句話。在內地經營銀行要嚴格遵守法例法規，其他的事情慢慢來。

第 37 回

我們可不是來賺錢的

追求業務增長不是我的第一要務，打好監管部門關係更重要。因為總部給我的指引是樣樣要第一，要做龍頭大哥，絕對要在渣打銀行前面。其實，這是香港領導層的一個誤區。在香港，滙豐跟渣打是死對頭，你不讓我，我不讓你。於是產生一種錯覺，以為我們跟渣打經常拚長短，其實不然。渣打跟滙豐屬於同類項，英國背景。所以「太公分豬肉」之際，他們反而吃虧，因為「豬肉」已經給了滙豐，比較有名望。還有其他類別：美國就是花旗，沒有其他競爭對手；日本有三家，給誰都無所謂。

跟監管部門打交道，就是要爭取「樣樣都要，而且要第一個給我們」這種特權。當然關係好，這種「想當然」想法容易實現。但是人家也做功夫，或許更厲害，把我們壓下去也不稀奇。像渣打以前也用老外，在中國內地約 29 年，普通話很標準。倫敦高層也經常來，吃飯喝酒一點也不弱。要把他們硬生生壓在我們後面也說不過去，最多「獎」我們兩次，他們一次，可以吧？是獎嗎？不對，不是獎。是一種「計劃經濟」的延伸，由上面來分配。怎樣決定如何分配？我可說不準，但是我可以猜，而且猜得很準。大致上可以猜到誰可以得到甚麼？

比如説，當外資銀行可以讓本地居民開動外幣戶口。大家先申請，再排隊。絕對不是先到先得，要看誰的「貢獻」最大。這兩個字不容易解讀，是哪類的貢獻。某外資銀行賺錢賺得多，是貢獻多？還是虧本的銀行對這個社會貢獻多？所以，我在人前人後有句名言：「我們可不是來賺錢的。」（當然我不會告訴倫敦這句話，惹風入肺沒好處。）矛盾的世界需要不矛盾的做事方法，可不容易。再舉個例，有趟發牌給外資銀行開始做人民幣業務，這可是輸不起的「戰役」。由申請開始，一路安排各種所需的文件，滴水不漏。其他的溝通更不用講，做到十足。咱們是不打沒把握的仗，萬事俱備，只欠東風，等發牌。

遊戲規則：樣樣要第一

在北京發牌，看來一切順利。但是心有戚戚然，為甚麼是9時半才給我們？而我聽到日本銀行卻是9時？莫非他們是第一張牌照，我們就輸得慘。不管怎樣，我們另外來一招「暗渡陳倉」，照樣發新聞稿，全球通告，説我們是第一家外資

銀行為客戶開動人民幣業務。事先安排好記者在場見證，並且拍照贈興。這樣一來，就算他們是第一個發牌，我們也沒輸，起碼是第一家為客戶開戶口。他們肯定要回去給上層看過，才會有行動。結果，他們9時有其他事，但跟發牌沒關係。我們的新聞稿説到第一個發牌，同時第一個為客戶開戶口，雙料冠軍，也是雙喜臨門。

是不是很無聊？是的。但是這是我們的遊戲規則，樣樣要第一，不得有誤。名義上第一，好聽而已。事實上，外資銀行面對一個巨大的兩難困局。第一，沒有足夠的分行網絡，無法吸收存款，沒有足夠貸款如何展開公司貸款？不做公司貸款又如何賺錢？（內地不叫公司，叫企業）如果項目好，想做這筆生意，只好向海外分行拆借資金，成本就貴，貸款利潤降低，隨時划不來。第二，更大的問題是信貸資產的質量，我們看不清楚其中的來龍去脈，貸款等同自尋煩惱或自討苦吃。所以外資銀行的總貸款餘額總是佔全中國總貸款餘額的2%，一直沒上升。至少我任內到如今都是如此，比例上沒增長。記得我上任後，有好幾年還在處理過去的壞賬。想起來，猶有餘悸，誰也不敢放開做貸款，尤其是碰上跨省的貸款，滿地都是坑，隨時掉下去。

另外，各銀行總部都很容易有錯覺，中國就是中國，一個主體。其實從貸款角度，中國不是一個單一主體，江蘇、浙江就是兩個主體，借貸文化兩回事。再遠一點更不一樣，山西跟河北有截然不同的文化。等同今天的歐盟有許多不同的小國家，文化差異很大，不能把他們看成一個共同體。換句話說，每個地方文化不一樣，經濟實力也不一樣，不能一本天書看到老。所以，總部對我們的了解與支持是必要的元素，而且，中國市場並非靜態，反之是絕對動態，變化多端。要追蹤發展動向絕不容易，走一步算一步也不是好的策略，很容易錯失先機。

中國市場龐大，沒有外資銀行願意放棄任何發展機遇。尤其在新世紀開始，許許多多的外資銀行進軍內地，有的採取穩健的發展模式，摸着石頭過河，只開兩三家分行。有的採取觀望態度，開個辦事處，觀察市場就可以。也有原先那班先行者，滙豐、渣打、東亞等等，衝衝停停，停停衝衝。更有「曲線」進入中國，收購內地銀行部分股權，正式坐上「順風車」，人賺錢，自己也賺。是個很不錯的想法，也有人形容是「婚姻」，很可惜，很少成功。可見文化不同是千真萬確的事實，異族婚姻合不來不稀奇，逐步出現分手現象。還是一句老話：「中國業務不好弄，想清楚再來。」

第七章

平穩過渡
換上林紀利主持大局

林紀利

Chris Langley

在九七前接替施偉富，出任香港區總經理。事無大小，管理到位，帶領銀行平穩過渡九七。林紀利溫文儒雅，思維緊密，言詞謹慎，嚴明公正；凡事跟貼，不辭勞苦，是大家公認的典範。他監管中國業務，力推「兩條腿走路」的戰略，內外兼顧，為滙豐帶來新景象。

第 38 回

九七太重要，不能出亂子

在境內做中國業務，有樣東西其他地方比不上，就是時間飛快過去。早上出門，一下子就是下午。週一過去，一下子就是週五了，不敢想像，到底自己在忙甚麼？滙豐銀行是在 1997 年搬到浦東陸家嘴經營，目的有二：不搬不行，外資銀行的總行必須在陸家嘴。其次，原來的舊址實在太破舊。這個地方算是新樓，由海事部門開發，位置最好，就在人民銀行對面。有事要過去拜會領導，一步之遙而已。

地方是租的，因為對方不能賣，是國有資產。不過連地面層，也有四百多平米。內地用平方米，大約等同香港的平方英尺的十倍。這麼一來，顯示出滙豐銀行對中國業務的投入與承諾。可惜的是我的辦公地點仍然在香港，暫時還不能搬過來。心底話，香港總部也不想我馬上搬過來。因為九七實在太重要，要穩，不能出亂子。這時候，我已經升級，內部名銜已經是副總經理，向香港林紀利匯報。等於說，中國部跟原先的國際部完全脱鈎。

林紀利是一位謙謙君子，說話慢條斯理，用字審慎，絕不會出錯，是我心目中的英語老師。可以看出，銀行選人不會出錯，總有背後的道理。要守住的時候，就用一位絕不會出錯的人。而且，做人非常客氣，香港同事沒人對他有絲毫意見。新聞界的朋友看到他最喜歡，一定有信息告訴大家，但是聽完之後他好像沒說過甚麼。臉上總是帶着微笑，絕對沒人會要跟他過不去。

做事細緻，同時具備中國情懷

他本來在馬來西亞，九七前沒多久調到香港。他的學習態度絕對值得表揚，客戶的背景先搞清楚，再上門拜訪，寒暄一番。他接過名片，會在空位上填滿密密麻麻的描述，記下此人是怎麼樣的人，包括樣貌。我看過一次，光看文字就可以體會這個人甚麼模樣，佩服。他的匯報人物由四個副總經理變五個，多了我。就是說，有零售、公司、財務、外匯加上我，中國業務。

這幾年，我繼續香港及內地兩邊跑，把分行的管理逐步納入正軌，誰管甚麼弄清楚，該留的留，不該留的人請便。一晃就是九七，在香港會議展覽中心看見國旗升起，掩不住興奮與淚水，見證一個新時代的來臨。同時，中國業務正式歸納在

1997 年香港回歸時的滙豐銀行總行。
(圖片來源：鄭寶鴻先生)

林紀利旗下。

1997 年之後，我們在內地的業務有如迎風揚帆，順利開分行，爭取新業務，培養新人材，建立人脈，廣交人緣。真夠忙的，簡直自己姓甚麼，差點給忘記，說這話一點也不誇張。林紀利要我安排探訪分行。到了分行，問得很仔細，不放過任何細節。比如說，存款哪裏來？平均數目？放多久？利息高低有影響嗎？客戶的背景？一路問下去，分行經理搭不上，就開始第二條題目。哪些人住在鼓浪嶼？算有錢嗎？誰是媽祖？人文、地理、歷史全部落空。吃飯就不用安排，他早上在酒店已自備三明治，弄杯水就搞定。不少內地同事不能理解這是滙豐高層的習慣，簡單、樸實，不誇張。說實話，林紀利真是個學習的好榜樣。

林紀利有他的中國情懷。他喜歡探索這個地方的風土人情，最喜歡聽人介紹各地的歷史背景，還記下來，更說要回去告訴其親友。記得有趟我們訪問武漢，經過長江大橋，我們自然介紹滙豐也曾貸款，做過貢獻。還說到武漢的地理位置剛巧在中國的中心點上，而大橋又正在武漢的中心點。他很感動，忍不住在橋的中間要下車拍照留為紀念。可以想像在繁忙的大橋停下車拍照，真的很有紀念價值。

我尊重林紀利，幾年的合作關係變為亦師亦友，很難得。

第 39 回

輸出精確，觀察審視才輸入

說到林紀利亦師亦友，是有道理的。名義上他是「老闆」，掌管滙豐全港的業務，名正言順的一把手。但是他絕不把自己看成老闆，絕對不是他講話你要聽。有事總會有商有量，那是「友」的表現。很客氣，進門之前會敲門，等你回應再進來。然後問你有空嗎？當然有，他就坐在你面前那張凳子上，根據手上那本日記開始問問題。用字審慎，絕不會讓你感覺他在質問你，而是請教你。最有趣的是把內地領導的話轉述一次，到底是甚麼意思？因為他聽到的都是經過翻譯，很可能失真。為求真確，他會問清楚底細，不作隨意的假定。這一點，不是每個外籍領導願意做的事。林紀利會把我說的話記下來，不理解或不同意的觀點，他會追問，務求完全體會。

多年後，我回想他的作風，很佩服。他的「輸出」精確，是在於他的「輸入」經過細心觀察與審視。這一點，令人尊重。相信我們一般聽到就算，很少深入研究。把他當作「師」看待準沒錯。同時他在提問之際，完全是當你朋友，很真誠的請教你。從來不會把你當下屬，很難得。有這種的態度，就能理解為何他的講話很難找到不合理的地方，而令人想提出反駁。那時候，經常有人問我：「到底林紀利是哪家名校畢業？牛津還是劍橋？」他們提出這個問題，必然是很欣賞林的英語水平。我倒是從來沒問過他，他也沒提起這事。我只是保持一份好奇，等到有一次他說起 18 歲就加入滙豐，我就盤算一下。照規矩，18 歲應該是進大學的時候，等於說，他沒有讀大學。否則他是「神童」，15 歲就讀大學，18 歲畢業。似乎前者較為可靠，讀完中學就遠赴香港，奔向滙豐銀行。

學英語，閱讀最重要

當然，我不放過問他，為甚麼英語這麼好。他謙虛一番，只是簡單回我一句，喜歡閱讀而已。從小家裏就有閱讀的習慣，讀完一本接着下一本。這句話有相當啟示，我的英語是半途出家，從台灣小學畢業移民到香港讀中學，中學前，基本上沒讀過英語。中學時代也沒有注意英語的重要性，只是學會查字典，學多幾個生字而已。說到學英語，林紀利跟我有共同興趣，他說他中學的老師是一位老學究，把英語看成國寶，每個字研究透徹，再跟學生分享字的來源，該怎麼用，不能馬虎。老學究總是用一個字來形容一個人的英語水平，就是 Precise 這個字。

我想，中文就是精確的意思，用字要精確才是標準的英語。他這麼一說，我就有點慚愧。我只會查字典，找到許多不同的字，但是在甚麼時候用甚麼字才對更重要。他接着說，進了銀行之後，又學會另外一個字，就是 Concise 這個字，是他的前輩要他在寫報告時注意的地方。也是不容易翻譯的字，我想，他的意思是說精簡，不要一大堆文字，無法對焦。一個是精確，另一個是精簡，決定英語水平的高低。當年的我已經一把年紀，要重新學習不容易，但是把這兩個字作為「座右銘」，隨時提醒自己減少廢話，自己講的、寫的自然會提高水平。你說，林紀利在這方面算不算老師？

林紀利的講話也很靈光，咬字很清楚，很少含糊其辭。聽他演講，我必然很留心。說得誇張，簡直是享受。我發現他的語速掌握得很好，好像能讓聽眾完全接收。我還計算過他的語速，大概是兩秒五個一般長度的字。根據我後來跟專業人士學習，才知道那是最合適的語速。我也要自己根據這種語速發言，效果非常好。林紀利讓我理解，凡事都是一條方程式，用得多自然熟悉。

除了寫跟講以外，林紀利還是一個很正直的人。沒有小動作，有話直說，說得到位、得體。私底下，對人很友善，從來不擺架子。我經常跟他一起打高爾夫球，球品好，從不自怨自艾。跟客戶打比賽，甚麼時候緊，要贏；甚麼時候鬆，要輸，拿捏很準，令人佩服。這樣的人做老闆，真是讓人如沐春風，讚不絕口。

第 40 回

滙豐考核分兩種，不含糊

聽我描述林紀利，説他亦師亦友一點不誇張。他做香港總舵手絕對稱職，對內對外都是好榜樣。問題是如何挑選出來的？滙豐銀行的確有辦法，上位的人絕對是頂尖人才，過去三任總經理，雷興悟、施偉富、林紀利都是表表者。而且，都不是靠裙帶關係而上位，各有過人之處。外籍人士的升遷，我不完全理解，但是我相信必然有部分類似我們本地資深員工的選拔。

本地專員的評估分兩部分：第一，過去一年的成績。比如說，做銷售的賣出多少產品，做後勤的處理多少單據等等。第二，兩年一次，個人能力的考核。比如說，做出決定的效果，對複雜形勢的判斷等等。跟成績無關，只是看這人的能力在兩年內是否有改善。第一部分做得好，就有較高的獎勵。第二部分考核優異，就有機會提升，當然第一部分也要有突出表現。第二部分有 13 樣評分項目，不僅是打分，還要有上級的文字解釋，好的話，好在哪裏？上級的報告需要再上一級主管的加簽認同。如果當事人不同意考核結果，可以寫出自己的看法，留待上上級過目與給出評語。林紀利在這方面一點不放鬆，每份報告看清楚，還要加上他個人觀點，因為報告影響升級，很重要。

第一部分的評估本意良好，一年成績得到上級的評價；避免主觀意願，評估的標準應該可以量化為主。比如說，完成90%，而不是大致上完成。可惜，一般人對於「好」與「非常好」之間存有爭議。不用說，誰也「喜歡」非常好，因為獎金額度不一樣，而且可以為將來升級鋪墊。其實，好與非常好有明確的規定。好就是完成任務，非常好是遠超指標的情況下完成任務。雖然好與非常好之間存有主觀性，按規矩還是有明顯差距。比如說超過指標 5% 跟超過指標 25% 有明顯差距，一個是好，另一個是非常好。

評分當人情，造成積非成是

話雖如此，有些上級往往將非常好的評分當作「人情」，不是按照標準給了下級，這種現象可以理解，也不可能避免。可惜，到了一個「積非成是」的局面，就很難恢復正常。我對年度評估很重視，誰是好，誰是非常好，一定要弄清楚。甚至，好的下一級是勉強，卻很少用上。勉強的定義，在於不是經常如預期般完成。照規矩，應該有人是勉強完成

任務，就應得勉強的評分。可是，人總有「惻隱之心」，算了吧，就把勉強提升到好那一級。上面有非常好，接着是一大堆好，下面沒有勉強。每年的考核都會出現這樣的問題，久而久之，大家都認為這才是「人性化」的考核。

每年的考核有一個要求，上級要推薦培訓課程，要有針對性，弱的地方要補。這也是難題，不是沒有課程，只是走不開，怎能夠離開崗位一兩個星期去上課呢？所以，上級一般留空，等到人事部催促，才送到培訓中心，展開囫圇吞棗的培訓。回頭看自己，這些年來逐步向上爬，但是第一部分的成績都是一般般，是個好，幾乎沒拿過非常好。第二部分也不見得很優秀，所以我不相信（實際上）升級要靠第二部分取得優秀才有機會升級。最有趣的是早幾年馬素給我的評估，一切正常，是個好。不過他在培訓需求上幫我填了「沒需要」三個字，還加上一句：「像驢子一樣頑固，難以造就。」結果讓我以後那幾年不被提名參加培訓，喪失提升自己的機會。不過我不會怪他，我的確是喜歡自學，在課室學習，絕非我的「那杯茶」。

林紀利倒是有新意，他排除培訓兩個字，反而要我去倫敦開會，要我發言，多跟其他異地高管接觸，去認識人，也讓別人認識我。他認為我「內向」比「外向」明顯，要我多「打開自己」，才會有更多機會再上一層樓。這也埋下伏筆，我不久之後再度外派，放洋美國，又是一個新的經驗，留待下回分解。

第八章

穩中求進
香港成亞太區領頭羊

艾爾敦

David Eldon

1999至2005年，艾爾敦接任施德論成為滙豐銀行亞太區主席。具備豐富銀行經驗，在中東工作多年，熟悉政治與經濟牢不可分的經營環境。回歸後負責亞太地區業務的部署與重整，人力資源的增強互補，以及如何開拓業務新路線。艾爾頓思路清晰，行動果斷。

第 41 回

頂層選賢與能，絕不含糊

我在上回談及滙豐銀行的考核與升級的關係。第一部分講表現，沒有直接關係。第二部分講能力，大有關係。做得好，不足夠，能力必須高強才行。尤其到了高級管理層，人人都有武藝，必然要看平時表現給頂級領導怎樣的感覺。據説到了副總經理這一級別就有另類評估，由幾位相關的總經理經過面對面討論，排出名次，如有空位，由誰來繼任。總經理也一樣，由董事長及其他董事排出名次。絕不是由董事長隨便一指就搞定，要經過千錘百鍊才選出繼任人選。所以，能夠上位成為一名總經理，絕非偶然。我看我跟過的總經理各有特色，非凡夫俗子，這種選拔好像不是很科學化，但是歷史告訴我們，選出來的人物各有本領，肯定是大將之才。

再上一級，董事長怎麼選出來呢？那是由前任董事長提名，其他董事在董事會上選出的。舉個例，艾爾敦身為國際業務總經理一段時間，經過董事會的考核，經前任董事長提名，在董事會通過，任命為新的董事長。當然我説的是滙豐銀行亞太區的董事長，相信集團的董事長必然更為複雜，非我類能夠知道全情。

我有幸跟亞太地區董事長艾爾敦有數面之緣，因為他本來一直在中東地區擔任總裁，對中國內地的理解有待深化。銀行看重中國業務的前景，所以他要多認識中國內地的商場文化，要我帶他「有系統」實地考察。首先可以看出來，他要我安排「有系統」考察，就是不要一下子東，一下子西。我的即時反應是由北向南，北上廣深依次進行便可。等於說，董事長第一個要求，不要多走冤枉路，順路要緊。

嚴控成本，自身做起

先到北京，自然要去拜候總理，先去港澳辦打招呼，然後才有機會進中南海。接着拜會人民銀行聽取意見，繼而是英國大使館禮節拜會。場場重磅，會談材料必須預先準備好，還要提示董事長哪些講，哪些不講。艾爾敦很細心，聽完我的提示，他會記下，以免見面時有所遺漏。說起話來，一點不含糊。而且有大局觀，香港以外怎樣，亞太區前景如何？很清楚，有如教授上課，一是一，二是二。他有個規矩，嚴格執行。就是吃飯由我決定在哪裏吃，以及吃甚麼。他說，在內地我是他「老闆」，聽我的。別以為我們可以大魚大肉，趁董事長在，吃頓好的，肯定撞板。其實，三明治就夠了。

坐飛機不用說，不坐商務艙。還給我一個指令（不是指引，指令要跟足），所有人包括集團主席，進出內地如航程在三小時內必須是經濟艙，不得自費補差價。給我一個特權，如果跟客戶一起看項目，可以升級到公務艙。酒店首選是四星，自費中國大飯店（五星酒店）喝啤酒，自便。看得出，不是他生來摳門，樣樣算到家，只是董事長必須做出好模樣給其他員工看。我可不是喜歡浪費的人，有他來到中國做樣板，我以後執行節約成本有例可援。

到了上海，不用說，在外灘佇立。眼看滙豐老大樓依然雄偉，矗立在黃浦江邊。大家都沒有講話，我相信我倆心裏都有一個疙瘩，我們原有的大樓，至今依舊不屬於我們，內心自然鬱悶。很有意思，滙豐的高層對於外灘老大樓總有解不開的情意結，我也一樣，永遠放不下。因為他負責亞太地區，恒生也在他巡視範圍之內，幫他安排探訪，自然多一點功夫。從言談中，看得出他的關注點不一樣，比一般高管廣闊。讓我理解一個人逐步邁向頂層，必須要有更遠大的視野，所謂登高望遠，大概就是這個意思。從他身上，也能夠感覺到林紀利所説的精確，加上個人嚴謹的思路，滴水不漏。充分展現滙豐銀行選拔人才有一套完整的系統，絕不含糊。

第 42 回

「傾得埋」由「傾唔埋」而起

作為董事長，艾爾敦必然有許多優點，眾人比不上。我多次帶他訪問內地的分行，有比較近距離接觸，對他這個人，我有個「結論性」看法。對事嚴格，對人和善。不過要小心，和善不等於軟弱。用粵語來説，他屬於「有事有得傾」那種，而不是「樣樣無得傾」，條件是：只要有道理。可以説，大家講道理，不管「官階」差多少。

他跟我算是比較好「傾」的，不是説我們「傾得埋」，而是説我們經常「傾唔埋」，頻頻有爭論。他總是覺得我經常「護」着中國那些人與事，有不妥解決就算了，而不是做事後檢查(Post Mortem)，查找不足，以求日後改善。當然，我的立場很簡單，先搞定目前的問題，以後再去研究善後事宜。試想，我在上海有 22 個人直接向我匯報，哪有時間顧及將來怎樣，搞定目前的問題就很不錯。大家或許會問：「為甚麼有這麼多的事情要直接向我匯報呢？」這是中國內地的國情，每件事都要等最高領導發落，上面不發號施令，下面不敢走下一步。現在還是這樣，20 年前更是如此。如果不是這樣，就會發生所謂的「墨菲定律」：會錯的，一定會錯。屢試不爽，信

不信由你。

其中一個問題是滙豐銀行高層的態度：樣樣要第一。如果無所謂，是否第一，管他！事情好辦，等到事情發生再想辦法。我們的想法是要搶市場，先馳得點。任何新業務開放，滙豐銀行就要排第一，而且能做這業務，做得比別家銀行好。所以，我們要有「先發」部隊來開發潛在業務，所謂「未雨綢繆」的打法，自然需要我直接監督工作，而搞出22個人直接向我匯報。説起來，完全不合乎管理學理論，但是在特殊情況下無法避免。不僅是工作匯報，在外邊跟監管部門主管打交道也一樣，他們的話語多少有官腔，但是除了官腔以外，總有些蛛絲馬跡可以看出苗頭，這些東西不是一般同僚可以體會。就算我自己出馬，也不一定能掌握別人話中有話帶來的玄機。

基於同情？要我調職美國

所以説，跟艾爾敦時有爭論是正常現象。其他地方的事自然他懂得多，但是內地的事物我見得多，兩人都喜歡論證，沒有惡意的辯駁少不了。當他説到「王先生，我不認為這樣」，我就能聞到火藥味，適當時候就要停下來。我充分理解，跟董事長有強烈的爭議，吃虧的是自己。記得第一次，兩個人的「學術」討論在於彼此對「基本上沒問題」如何解讀。比如說，人民銀行的領導對我們說：「你們滙豐銀行一直對中國金融業有積極投入，是好的標兵。我們對你們的申請很支持，基本上沒問題。」好了，最後這一句如何解讀？到底是沒問題？還是應該沒問題，萬一……就不一定了？結論可以是：絕對不是沒問題，也不是一定有問題，在兩者之間甚麼都可以發生。

他認為應該是沒問題，我抽口氣接着說：「不一定喔。」因為過去經驗經常是相反的結果。這句話最好用，因為正反都有可能，而且不能怪說話的人，只能怪自己學藝不精。艾爾敦跟我一樣，為求精準不惜「口水戰」，有結果最好，不然下回分解。不過，我們不是沒有共識，有些淺易的表述，我們不難達成共識。例如：當對方說「考慮考慮」，那就代表申請文件已經收到，請放心。如果對方說「研究研究」，就表示申請文件還在，不過沒來得及看。最有意思是「我個人支持你的申請」，那就表示沒戲。這個人支持，表示其他人不支持，遊戲結束。

我在這種混沌的環境下已經闖蕩了接近九年，大概是基於同情，覺得有點不公平，他提出要我卸任的建議。是他，還

是誰的意思？我沒問。他問有心目中合適的替身嗎？接着給我一張紙，大家寫下來對一下。好呀，打開一看，果然一致。接替解決了，剩下的事情好辦。第一件事自然是調到哪裏？他又來了，給我一張紙，要我寫下想去的地方。在銀行工作超過30 年，第一次有人給我機會，讓我自己決定下一個職務。遲來的春天，好過永遠不來。

兩個人手張開，都是「美國」兩個字。太神奇了，立即拍板定案。他説會安排細節，着我去準備離別贈言。我説，不用準備，我已經有大綱。其中一句是：「我帶領大家，從無到有；現在是時候，讓下任帶領大家從有到好。」我會在太平洋彼岸遙望與祝福。「獻身」中國業務前後九年，是我在滙豐銀行最長的任務。相信我可以説「問心無愧」。

第 43 回

君子協定，光榮退下火線

當初跑進中國內地當總裁，沒有跟銀行有明確的說法，只做三、五年之類的安排。大家有默契，做到「一定」規模就算大功告成，可以另覓出路，繼續我的銀行生涯。或許是一種「君子協定」，大家都能理解甚麼為之「一定」。算時間，我是 1994 年進入當年的中國部，深藏不露，做了一年臥底。雖然我沒浪費時間，經常在內地跑，認識國情。一年後，1995 年 5 月，我的前任退休，我接任，稱為中國總裁。雖然對外來說，還是有點隱密，稱為中國業務總裁。名義上有點取巧，可以這麼解釋：中國業務的總裁，沒問題。後來為了進入內地，想要做起真正的總裁，卻又碰上法人銀行的問題，受到阻礙。只能用總代表的名稱，但是實際上來說，確實是一個總裁。2000 年率領整個管理團隊進入新的滙豐大樓，正式把總管理處分拆到上海。隨後兩年，在岸監督業務發展，分行數目至少由五家增至九家，業務發展迅速，數目我就不說了，以免洩漏軍情。

可以讓外資銀行開發的業務，滙豐銀行總是踏出第一步，不負眾望。其他的收購行為，比如說，購入 8% 上海銀

行、10% 平安保險以及 10% 交通銀行的股份，我就說自己從旁吶喊助威，有力出力，別的不說，不想有人說我邀功。全行人數由原先的幾百，變為幾千。最重要的是沒有犯錯，更沒有在監管部門留下不良紀錄，清白退場。我認為這樣的成績可以算是達到一定規模，可以光榮退場，相信艾爾敦等高層領導不會有異議。

當然，這九年以來有沒有滿意的地方？當然有。我想，讓我最難以忘懷的事情就是買下滙豐大廈，雖然只買三層，卻得到冠名權，率先在浦東嶄露頭角，而且價錢讓人超滿意。新的辦公室採用開放式設計，我理當是滙豐銀行第一位跟其他領導坐在大廳辦公的總裁，讓全行員工為之讚嘆。大樓有 360 度黃浦江景觀，日景、夜景都讓人心曠神怡，上班簡直是享受。

我的第一本書：《王總的話》

其次，這些年來招聘超過 100 位內地的見習專員。絕大部分出自國內名校，學業優秀，態度誠懇，工作勤奮。經過悉心培養，逐步出人頭地，雖然不一定都留在滙豐發展，但是也符合我們當年聘用他們的目的，要為國家提拔銀行業人才。現在不少位居要職，覺得自己的功夫沒白費。偶然相遇，總會説：當年我有哪句話給他們很大的鼓舞與啟示。授人以漁就是這個道理。

再者，這些年來，我一直堅持跟員工保持暢順的溝通。因為我們「從外而來」，來去匆匆，很多時候員工不理解為甚麼要做這件事情？為甚麼我們要進？要退？其中有商業理由，也有政治考量，不是親口跟員工説明白，難以理解，容易造成誤解。我的習慣是逢事講清楚，不想等人問，我才隱晦回答，造成不必要的誤會。當時沒有網上媒體，但是也有不少傳言隨着電話在員工之間傳送，誤會只會越描越黑。我決定每週一發表「王總的話」，每次 1,000 字不到，把過去、將來講清楚，不要瞎猜，更不要瞎扯。幾年來從不間斷，員工很欣賞我的坦率、直接。上海同事用本地話説：「比外國人更外國作風，全透明。」當然他們心中理解，我這些年來一直把他們看作子弟，誠意對待。歡送席上，他們送我一本書，叫《王總的話》，把我多年來的話語輯錄成書；然後排隊跟我握手送別，足足長達兩小時，讓我非常感動。

第 44 回

不少老外，自以為懂國情

我從 1994 年開始接觸中國業務，直至 2002 年離開。這些年，我看得出不少銀行高層對於中國內地有份深厚的感情。從哪裏來呢？除了施德論經常到內地爬山之外，其餘的人似乎跟內地沒有甚麼特殊的牽連，不會建立牢固的關係。説到老大樓，大家有種同理心，好像它是失散多年的兄弟，必須把它拿回來。其實，除了我進過去幾次，有點感觸，其他人對大樓應該有點疏離，甚至沒進過去，難以想像他們會有一股濃情厚意。談到業務發展，有一種非要不可的情懷，不僅要，還要樣樣第一。是一種好勝心態？還是市場的確提供絕好的發展機會，不容錯失？入股其他本地銀行也是必然趨勢，要買，而且可以買就多買。請人就不要手緊，要一百，請兩百更好。

對我來説，銀行高層算是給面子，不敢伸手進來，指手畫腳，甚至安排他們自己人進來「玩一把」。大概知道我手上有尚方寶劍，不敢對我無禮。但是我並不傻，我知道背後有些在倫敦的老外，自以為懂得中國國情，經常打小報告，説我這邊發展步伐太慢。説我膽子小，不敢先斬後奏，幹了再説。否則老早在其他外資銀行前頭，遠遠超前。而且，只是發展商業銀行的借貸生意，不敢涉足投資銀行，還有其他種種。可是説話的人不在中國內地，以為在遙遠的地方手指指，事情就會發生。好像我的申請把總管理處從香港搬過來，搞了四、五年一籌莫展，那是因為有監管條例尚未實施，不是不努力爭取。結果，要等到 2007 年法人銀行的條例出台，外資銀行才有自己的分行及地方總部。還有一個破格的例子，在 1994 年就要我準備發人民幣信用卡，第一年沒發，第二年沒發，一直都沒發，應該説發不了。一直等到 2017 年才能發，前後相差十多年，不過其中有許許多多的老外管理層在英國發炮，説我們這個團隊嚴重滯後。

雪花片片，踏上外派美國之路

說到這裏，我想，艾爾敦給我一條路，讓我去美國，大概是給我一條生路，可以避開那些冷言冷語。或許他也有壓力，幫我擋住而我不知道。又或許，我離開對大家都有好處。想到這裏，心情豁然開朗，覺得「天無絕人之路」這句話千真萬確。不過我從來沒有追問艾爾敦，好像玩撲克，沒有理由要問對方的底牌是甚麼？或許人生的樂趣就在這裏，不該知道就不要去追查答案，知道了反而不好。我告訴自己，我為甚麼要來，我很清楚。我為甚麼要走，時間到，就要走。還有工

作在美國要我去做，這麼想，就知道銀行一直待我不薄。

在走之前，我應該把辦公室的個人味道消除。首先，把開放式的設計改掉，換回固定辦公室，恢復傳統。其次，把那個可以下班俯瞰外灘的酒吧拆掉，換為會議室。其實，並不是我當初故意如此裝修，只是沒有裝修，而我把空置的地方用作其他用途，所以「改裝」並不花錢。我做過香港總行內部樓層設計，對小意思的裝修工程有點掌握。我不想下任來的時候，覺得我把辦公室搞得「稀奇古怪」。

把五年規劃拿出來，2000 年是起點，是我第二次的規劃。第一次在我 1995 年上任時做的，已經順利完成，成為歷史文獻。記得第二次的五年規劃，有四大要點，依次排列如下：名聲、關係、培育，最後才是利潤，而且是一個四、三、二、一的權重排列。是我排除萬難，要求倫敦總部批准的。相信是一份非常罕有的五年規劃，把利潤放在第四位。當然，經過好幾個五年規劃，最新的必然把利潤放在前列。五年規劃就好像是以前皇帝用的玉璽，不過它有時間性，到我離開，正好兩年，還剩下三年。是否應該重新啟動新的一份計劃，那就不是我應該擔心的事。

離開那一天，老天很有意思，上海下雪了。很久沒下雪，大家都很激動。我看着雪花飄下來，落在臉上、外套上，可是沒有寒意。心想，九年一晃眼就這樣過去了。

第九章

滙豐影響浦偉士

無人可比

浦偉士

Sir William Purves

1954年加入滙豐，曾經參軍打過韓戰，蘇格蘭軍人作風影響滙豐深遠。1987-1992年滙豐銀行主席兼總裁，90年代初期，致力收購英國米特蘭銀行，在倫敦成立滙豐控股公司，順利把滙豐總部遷至倫敦，成為首任集團主席，直至1998年退休。任內創下多項收購紀錄，提升國際地位，功不可沒。

第 45 回

眼神如鷹，讓人不寒而慄

說到總行的精英，不能不提浦偉士。他對滙豐銀行的影響深遠，無人可比。就好像李光耀對新加坡的建樹與影響，後無來者。浦偉士在沈弼退休之後，繼任為主席，對滙豐銀行的發展發揮巨大影響力。大膽說一句，有浦偉士才有今天的滙豐，他帶領滙豐從一家地方銀行發展到一家國際銀行。

我認識他不深，因為我一向隸屬香港這個板塊，跟銀行海外業務不搭界。而他一直是管理海外業務，在總行重建那段時間，雖然已經響噹噹，大家都猜想他是下一位主席。可是一般人對他是敬而遠之，我不屬於這類人，只是距離太遠，無法掌握第一手材料來描述他。我只有片面的親身體驗，可以跟大家分享。

第一件事，我在總行重建項目上負責新大樓裏面「每一個人」的位置，其實不然，應該是每一個人減去一個，就是浦偉士的辦公室。他的辦公室在 34 樓，圖則不用我管，有一位建築師專門負責。問題是：他的圖則遲遲沒得到其批准，一直拖着。為了避免阻礙建築進度，已經把他的辦公室的設置暫時擱置，其他樓層繼續。為甚麼在他這裏出現瓶頸，項目可能產生延誤？傳言很多，最多人的說法是他不喜歡新大樓，所以不簽字認可為他而設置的圖則。我就不這麼想，我估計他必然有「理性」的理由，而不是「不喜歡」。但是他有脾氣是眾所周知，誰敢去問清楚，大家都知道他的提問很尖鋭，不易回答。回答不了，隨時被臭罵一頓。所以他的圖則一直沒進展，科士打那邊的人也沒辦法。

問問題，令人啞口無言

浦偉士這個人是不是很讓人害怕？對我來説，絕對是。我説的是級別相差太遠，不過他的樣子的確讓人害怕，人很高大，頭髮灰白很整齊，雙眼如鷹，盯着人看之際，令人不寒而慄。一口蘇格蘭口音，一是一，二是二，絕無廢話。問你問題，很快讓你啞口無言。所以，在滙豐的江湖傳聞中，他是頭號難弄的人，避之則吉。

對他，我是有點好奇的，很想知道他多一點。而且，做總行重建項目，我已經有點麻木，給人罵得多，誰罵我都可以接受，只要認可我的圖則，簽字同意就好。忽然有奇想，不如等我去試試浦偉士，看他到底是為甚麼不簽字？科士打那邊

也不反對，我就拿起圖則去找他。説實話，有點忐忑，先道明來意。他朝我看一眼就問：「是銀行的人嗎？你不像他們的人。」我説是的。他就問我想要甚麼。最簡單的答覆：「要你的簽字。」不過我不敢這麼直接，只好解釋説大家在等他的意見，看有甚麼地方需要改善。如果有的話，我以後幫他改。強調「以後」兩個字，他朝我看看，還是沒任何笑容。「那就以後改吧。簽字簽哪裏？」我心頭一跳，連忙説：「圖則上甚麼地方都可以。」簽完，問我：「你叫甚麼名字？」我如實回答。他手一揮，我就迅速離開他的辦公室。接下去，是説不出的喜悦，其他人在項目組也一樣。後來我一直在想，他到底有甚麼不滿意呢？大概沒有，很可能沒有自己人跟他談，跟他談的都是外人。他不滿意，可能他覺得這是我們行內的事，自己來解決。

這是我第一次跟他近距離接觸，有點好奇，也有點忐忑。第二次的見面，是 1990 年我從溫哥華海外培訓回來，準備接任主管分行與啟動 DSP 項目。他已搬進新大樓，已經是銀行的董事長。我們在他的辦公室見面，彼此站着，好像坐下來的時間都沒有。第一句話問我：「回來住哪裏？」我説，跟父母，在紅磡。他説，怎麼搞的，有點不滿。拖着我的手（第一次有位男士拖着我的手）跑到人力資源部那邊，叫人趕緊弄個銀行宿舍給我。然後打個眼色，來一個 OK 的手勢逕自回他辦公室。留下我等人力資源部告訴我新的居所在哪裏。

兩個故事説明同一樣事情。他這個人跟自己人客氣，跟外人就不一定。不過自己人犯錯，罪加一等，一定給他罵得狗血淋頭。

第 46 回

浦偉士直率敢言，看透局勢

1995 年，我接任中國業務，其中一項任務要帶領滙豐高層到北京拜會國家領導。一向是一年一次，偶然一年兩次。過程並非簡單，我們要經過某些單位同意與安排，港澳辦乃其一。跟國家領導見面屬於非常重要事項，不容有失。作為跨國銀行的董事長，浦偉士跟總理見面，交換意見很正常。一般不超過 45 分鐘，在北京舉行。

可以想像，事先的準備功夫很繁複。最重要一樣是那份給董事長的講稿，內容包括：對監管單位的支持表示謝意；金融業的發展勢頭與機遇；我行針對市場的最新設想；積極尋求與其他金融機構緊密合作機會等等。這些題目不難，因為我們經常向總部匯報。歷屆董事長都有自己的風格，表達的形式也不同。最難的是我們在一旁的「助理」，不能插嘴，但是在適當時候要做出不顯眼的提示。不像拍電影，可以 NG，再來過。我們面對情況不一樣，這時候話說出口，駟馬難追。

浦偉士在歷屆董事長中最有自己風格，直爽，他認為該說，他就說，不管我們是否覺得有點「過火」。記得在 1996

年，有一次見總理。總理一開始就説到國企改革，頗有進展，相信很快就可以走出谷底。他還準備説下去，浦偉士提高聲音説：「我不同意。」對方有點錯愕，怎麼會有人説不同意。我們這邊也有點錯愕，還沒搞清楚狀況。他接着説：「有好幾個原因，覺得進度緩慢。」第一是甚麼甚麼，第二是甚麼甚麼，一路數到第七，他停下來看看對方，接着説：「國企的裙帶關係有待進一步改善。」聽起來有點不客氣，但是説到重點。對方並無反感，反而大大讚賞我們的董事長説真話，把他內心話説出來。然後，他對着坐一旁的同僚説，看外國朋友都説得出我們的問題，不改不行。之後，他們兩個人有如「英雄相逢恨晚」，聽説經常互通電話，討論世界大事與內地國情。

蘇格蘭銀行精神，兑現承諾

浦偉士還有一篇演講，退休前在英國曼徹斯特大學的畢業禮上講的，題目是「蘇格蘭銀行原則」。我沒資格到現場聽，但是有人給我原稿，很精彩，讓我把他的話大致説一下。首先，我們要理解，滙豐銀行由一班在香港的蘇格蘭人於 1865 年創立，之後蘇格蘭人一直有領導地位，傳達蘇格蘭人的精神。原來他們作為蘇格蘭人很驕傲，能夠出口三樣別人誇獎的東西：蘇格蘭威士忌、高爾夫球，以及銀行家。銀行家有一套

完整的理念，叫做蘇格蘭銀行原則。其實不僅是圍繞銀行工作，同時覆蓋做人的原則。有幾項特別重要：優良傳統的傳承；言而有信的態度；培育後輩的意願；不辭辛勞的精神；刻苦節約的美德，還有好幾條都很有價值。我看過原稿，很感動。不少人總以為我們有文化，別人比不上，唯我獨尊。固步自封，不求進步。相反，蘇格蘭人有自己一套，至少在滙豐銀行默默地實踐，讓滙豐具備濃厚的蘇格蘭精神，讓人佩服。

值得一提，浦偉士年輕時當過兵，在銀行經常顯示軍人風格，強調服從性。記得有一次，在某個研討會上聽他主講銀

2000 年，與浦偉士（圖左）一起巡視浦東的上海總部。

行的合規精神，簡單扼要，表現出他一貫風格。我在休息時間，過去打招呼，順便聊幾句跟主題有關的話題。我問:「銀行講究誠信，In Good Faith，如何用淺易文字來解讀？」他的回答是:「永遠兑現承諾。」

我相信，董事長最重要的功能就是給出方向。浦偉士帶領滙豐締造國際地位，功不可沒。他已經退休多年，最近聲帶動過手術，講話不便。他說:「這是過去經常罵人的報應。」

第 47 回

國際化就好，全球化不恰當

滙豐銀行在 1993 年購入英國米特蘭銀行，條件之一是要管理部門搬到倫敦。浦偉士身為集團董事長，一馬當先由香港搬到倫敦，坐鎮集團總部。記得搬遷之前，他在香港總部每個月主持高層晨禱，其實就是一幫人坐着開會。一般是星期六，不超過一小時。跟一般會議不同之處是沒有固定位置，浦偉士一個人坐在中間，其餘 30 多人（高級經理或以上）隨便坐，基本上圍着坐。有些人面對他，有些人故意坐在他背後，讓他看不到，我人微言輕，屬於後者。不過坐在後座不一定是好事，他隨時一個 180 度轉身，就面對後座的人，他還會加一句，不要以為不知道誰坐在後邊。晨會沒有固定議題，他會逐個問題問，很有意思，隨時「殺」到身邊都不知道。

記得有一次，他問起咱們的大哥關於一張新的信用卡。大哥主管零售，包括信用卡。浦偉士說，發新的信用卡是好事，但為甚麼要命名「全球卡」？大家事前不知情，根本不知道發卡的事，但浦偉士卻先發制人，問起這張卡的名稱。大哥一時間語塞，不知如何回答是好。浦偉士說了一句很有啟發的話 :「我們目標不要放在全球化，能夠國際化就很不錯。」他再問：「我們在非洲有分行嗎？沒有是嗎？那怎麼能叫自己為全球銀行呢？」愈說愈激動，接着說：「非洲你想去嗎？讓隔壁那家銀行去好了，我們沒興趣。」

不少外人認為滙豐銀行在浦偉士的領導下，快速發展，一定會走全球化路線。其實我也是第一次聽到他親口說，國際化就很好，全球化不恰當。他補充一句，我們自己人不夠。聽清楚：「不是人不夠，是自己人不夠。」提醒我們滙豐銀行的發展一直靠自己人，不是靠外人。必要時請外人，但是核心團隊還是靠自己人。不過這是25年前的說法，現在肯定不一樣。

發展靠自己人，香港人靠拼勁

他說完這話以後，我一直在想，為甚麼要用自己人？一家銀行在發展過程中，不應該借用外人嗎？永遠靠自己人，發展有限呀。看看我們的姊妹行，一直靠自己，在本地發展頭頭是道。幸好沒有向外走的衝動，人力資源的壓力有限，每年交出的業績亮麗，股東滿意。但是滙豐就不一樣，買了英國四大之一的米特蘭銀行，不少人認為持續發展是硬道理，原來最上層的說法不一樣，按步就班才重要，絕不會好大喜功，學會走就要跑。這一點，我是佩服浦偉士的，要以寡敵眾，堅持己

見，不讓我們「彎道超車」，以穩健經營為核心思想。

回頭想想我自己在滙豐銀行走過的路，做過好幾樣重要工作，論資歷絕對不足。但是能讓我接手，相信跟這種「自己人」的信念很有關係。是蘇格蘭銀行原則使然？還是在香港跟本地人融合的結果？老外高層領導跟本地專員建立一種默契，有如兄弟，彼此之間有種「拼勁」，你讓我做，我一定做好。不僅在滙豐，在香港的商業社會也是一樣，人與人之間的交易不會「甩拖」，所謂「牙齒當金使」的精神。這種精神一直帶動香港向前走，滙豐銀行是一個很好的例子。

不少上年紀的人都會懷念這種在香港流傳的精神，很難具體形容到底是怎樣的東西。説到這裏，我想起浦偉士一句話：「我們一定兑現承諾。」或許能借來描述香港精神，叫我做甚麼都無所謂，只要有工開，拼命也要把工作做好。有工開，就有工資，有工資就有可能供樓；有樓就有瓦遮頭，不怕風吹雨打；有工資就可以生兒育女，供書教學。這些就是最簡單的要求，出發點就是先要有工作，自己絕對不能辜負工作的要求。浦偉士的軼事很多，但是並非我目睹，只是聽回來的，不能確認。以上所説，都是我親眼、親耳接觸的事情。所以，現在講起來，依然津津樂道。

浦偉士在香港的時候，是記者朋友的「至愛」，訪問他最爽神。一是一，二是二，絕對沒有廢話。在他管轄範圍內的問題，一定會回答，直接了當。而且用字簡單明瞭，絕對不會帶人「遊花園」。不過要小心，跟銀行無關的問題，他會直接説：「無關，下一條問題。」如果問題在範圍內，但是詞不達意，他會説，不如這樣問才有意義，把人家的問題都修改了，才回答。如果有意跟他過不去，想幫他扣帽子，他會直斥其非，叫人重新再問一次。如果屢勸不改，驅逐出境，永不歡迎。

像他這樣的高層，過去的十年、八年在香港沒見過，在外地也甚少。一開口，就説到點子上，從不拖拖拉拉。想學都無從學起，我想是因為他心中無懼，堅定講出立場，講完也無悔，所以信心滿滿，值得欽佩。

第十章

進軍美國
成功部署亞、歐、美聯盟

龐約翰

Sir John Bond

接替浦偉士成為集團主席，任期內（1998-2006）帶領滙豐再創輝煌。2002年成功收購美國消費金融巨頭Household，完成「股東增值」的五年規劃，股息、股價翻番。滙豐的國際地位攀頂，成功轉換為環球金融控股公司，金融業內傲視同羣，一時無兩。

第 48 回

業務樣樣精，為人溫文儒雅

浦偉士的接班人叫龐約翰，也是一位值得欽佩的人物。他在香港以及海內外都擔任過重要任務，而且不僅覆蓋商業銀行，也是滙豐投資銀行的一把手，銀行業務內外皆精。他的姓氏跟鐵金剛 007 一樣，所以他介紹自己的時候，經常加上粵語發音的 007，順便「秀」一下自己的粵語。他在香港總行的貸款部做過一段時間，對香港客戶認識頗多。同樣，香港的客戶對他也有頗深的印象，因為都是在香港經濟起飛的時期相聚在一起，彼此騰飛。我倒對他認識不深，因為我當年在做項目，很少涉足借貸事項，但是他的名氣遠近馳名。

我跟龐約翰第一次近距離接觸，是在他接替浦偉士那段時間，因為我們要去北京會見國家領導，舊人走，新人來，禮節拜會少不了。龐約翰跟浦偉士截然不同，浦有蘇格蘭軍人的味道，發號施令，有威有勢；龐有英格蘭紳士風度，溫文儒雅，談吐不凡。一個有如看《三國演義》，另一個有如看《儒林外史》，讓北京領導人讚譽有加。我是叨光，靜坐一旁，看兩位銀行領導解說滙豐銀行未來發展動向，真是頭腦開竅，獲益匪淺。

龐約翰雖然具備謙謙君子的風度，但是並不太喜歡社交活動。不過我是從我們的角度看他，他本人或許根本不是這樣，可能是非常活躍。在北京開完會，大家都喜歡喝杯啤酒，以示慶祝會議圓滿結束。龐約翰不是每次都興致高昂跟我們一起去，有同事說是不是覺得我們班次太遠，難以高攀。我說不是，他比較忙而已。忙完亞洲，歐洲開始，歐洲結束，美洲開始，整天都在忙。那時候滙豐的業務變成「三腳凳」，世界三大洲就是三個板塊。這個時候我們就看得出：滙豐已經名正言順成為國際銀行，雖然還不算全球銀行。

如何稱呼爵士，直呼其名？

龐約翰也有人性化的一面。跟我們聊天的時候，我們有人問他，該怎麼稱呼他。那時候，他已經封爵，成為真正的Sir，該怎麼稱呼呢？大家都很好奇。首先，有人說，自然是龐爵士。但是有人反駁，在英國不把姓放前面，而是把名放前面，好像龐約翰，就變為約翰爵士。這時候，又有人說，應該全部放進去，叫龐約翰爵士才對。到這時候，大家都認為約翰爵士最不妥，其他兩種都說得過去。

可是一聽到我稱呼他的時候，直呼其名，叫他約翰。

大家就有點摸不着頭腦，怎麼我會這麼失禮，把爵士給去掉呢？連我的稱呼在內，結果出現四種叫法，到底哪種最正規呢？他笑笑，沒有回答，一派輕鬆的樣子。叫我來解釋，我說我的理解可以分：正式的叫法與慣性的叫法。前者應該是約翰爵士，而後者可以是約翰。其他兩種都不正規。他淺淺一笑，都不對。大家都是同事，叫甚麼都可以。滙豐的不成文規矩：互相可以用名字相稱，不過彼此要到一定階級。甚麼是一

與龐約翰（圖左）及浦偉士（圖右）合照。

定階級？到了這個階級，自然就知道，很有意思。

大笨象會跳舞，全靠增值管理

龐約翰任內有一項對滙豐銀行很有影響的舉措，就是推行「增值管理」，英語叫 Managing for Value。基本上是一個五年規劃，他要銀行在五年內（1998-2003）對股東的回報倍數翻一番，股東回報指的是股價與股息。看起來像是容易，不少股票上市沒多久就已經翻一番，但是滙豐的股價有個綽號，叫「大笨象」，很多時候都是原地踏步，就算有消息，也不過漲一兩個百分點。叫大笨象絕對是名副其實。

龐約翰要大家努力，把業績做好，等股價上去，股息自然高，兩個加起來，五年後翻一番。這就是對他的要求給出最簡單的解釋，當然可以分為：有機增長或兼併收購，或雙手一起抓。有機增長有難度，因為增長的動力已經見光，變不出其他樣。以往每年增長是低兩位數，五年最多百分之六、七十，很難做到翻一番。換句話說，必然要靠後者，在市場收購增長較快的金融機構，為業績加油。這是無可厚非的想法，自身增長加上外力，方法絕對正確。問題有二：自身力度要逐步加強，上下一心；挑選合作夥伴要帶眼識人，不容草率。

對滙豐諸位高層來說，要促成有機增長還是有把握的，不少人帶兵多年，不缺手下勇將。而且，DSP 項目做出根本性改革，逐漸成為一家有良好服務撐腰的銀行。記得當年大家的口號，要打造「最受推崇的銀行」，幾年後已有相當不錯的成績。而且，我們也在密鑼緊鼓進行客戶篩選，把一般民眾客戶分兩類：第一類，高端客戶，在高檔櫃台處理業務，追求精益求精，因為高端客戶有大額存款，可能會購入不同理財產品，帶給銀行較高收益。第二類，一般客戶，在普通櫃台處理業務，多數是提存交易為主，雙方追求服務快捷，方便為主。在 2000 年出台的卓越理財（Premier Banking）有點劃時代搶在競爭對手前面，服務加產品，搶高端客戶的確有效。總體來說，零售業務確實為滙豐扭轉局面，成為新的賺錢引擎。加上公司業務已經獨立經營，走專業化，明顯高班，威脅眾多競爭對手。新世紀前後，滙豐業績亮麗，大家朝着「翻一番」方向進軍。

消費金融新板塊，是喜是憂？

龐約翰不辭勞苦，親自到滙豐銀行的重要據點來解釋他的理念，甚麼叫做增值管理。聽得多就理解，其實一句話：「大家用心，配搭既有的硬件，用軟實力搶市場。」我當時在中國內地，一樣照推卓越理財。違反內地傳統，把辛辛苦苦搶回來的存款換成理財產品，很多銀行不願意這麼做，因為一直都是用存款高低來做考核指標，理財無形中減低存款，很不願意。甚至出動監管部門來干預我們的理財方式，說是違反常理，不可取。結果隨着時代演進，其他銀行很快就轉型，雙管齊下，搶存款又賣理財產品。

要求業績翻一番，註定要收購兼併雙管齊下。大家在第五年，等於是長途跑最後一個圈，加大力度拼命向前推進。同時不忘關注銀行在考慮收購哪一家銀行，希望在衝線前有人扶一把，完成使命，接着把增值管理這偉大任務寫進滙豐近代歷史。龐約翰果然有準備，還有三個月左右，我們開始聽到一家美國的金融機構，沒有中文名字，英語叫 Household Finance，專門做美國次級消費信貸。次級的概念是指借款人的信用評級低一級，其實大部分是墨西哥過來的新移民，手上的錢不多，但是需要借錢買家居用品，家具、冰箱、微波爐等，甚至廉價汽車。這就是當地流行的消費信貸，每個人借款數目不大，但是銀行利息收入很豐厚。

這種消費金融，我們大多數在滙豐的人不懂，但是知道回報甚好，風險可控。這樣的投資應該算是可以接受，而且一

下子就讓我們完成增值管理的目標，是大好的消息。正巧，我已經離開中國業務，剛剛到洛杉磯就任，成為美國滙豐銀行西部總裁，負責美國、加拿大的亞洲業務，兼任美國西岸的私人銀行業務。跟剛剛收購的 Household 沒一點關係，只是在內部的渠道看到收購結束後的工作逐步展開，滙豐派駐好幾個我認識的國際專員。Household 的總部在芝加哥，管理層每年開兩次全體會議，人數有多少？ 600 人！我第一個反應是：這是大吃小？還是小吃大？我們滙豐銀行在美國的外派人員不超過十個。看來人事管理有挑戰。

第 49 回

調任比華利山，不再喝星巴克

我在 2003 年初調任美國西岸，出任滙豐銀行美、加亞洲業務總裁，兼任美國西岸的私人銀行業務總裁，簡單的名稱叫西岸總裁。美國地方大，根據地區來分，有好幾個總裁：西岸、中西部、東南部、東北部、紐約地區等等，各自分管美國境內 400 多家分行。美國滙豐銀行的前身是美國海洋米特蘭銀行，英語叫 Marine Midland Bank，跟英國的米特蘭銀行有點接近，不過一直是兩家互不相干的銀行。

我知道，把我從中國調走不困難，只要有人接替就好，但是要在美國弄個位置給我就很不簡單。第一，我是「外人」。要進入美國滙豐體系談何容易？以後靠誰撐腰？第二，我對美國本土業務了解有限，尤其是私人銀行那一部分，客戶的背景一無所知，要拿起指揮棒難以讓人信服。第三，需要經常跑碼頭，美國、加拿大兩地有多個大城市，要飛來飛去考察各地的亞洲業務發展動向，經驗有限，體力也未必吃得消。

相信艾爾頓必然盡了力，他是滙豐銀行亞太區董事長，可是從管轄範圍來說，跟美國完全不搭界。別人不用賣賬來

接收我這個人物，所以能過來，一定涉及不簡單的安排。而且，我的新辦公室在比華利山的金三角，是美國西岸最豪華的地方，自然引起某些人揚起眉毛，意思說：這是怎麼回事？誰來啦？我一直懷疑，但是不能證實，這調派一定涉及龐約翰，因為美國畢竟向集團董事長匯報，沒有龐，亞太區沒有這種力度。

不管怎樣，我來到美國最讓人豔羨的工作環境出任新職務。我的前任叫約翰，香港人來了美國接近 30 年，算是新潮「老華僑」，艾爾頓讓他回香港，騰出空位給我。他也很高興，在美國待了大半輩子，有機會回歸不容易。第一天上班，約翰開了他的奔馳來接我。在美國開奔馳是平常事，其他名牌車比比皆是。他請我喝杯咖啡，就在金三角外邊的星巴克買的。到了辦公室一輪寒暄，大家談笑甚歡。我簡單介紹自己，從哪裏來？來幹甚麼？加上一些客套話。回辦公室聽約翰講他這些年來的經歷，蠻有趣的。

沒多久，我的助理趁約翰不在，就進來跟我輕輕說，有空帶我去喝咖啡。喝咖啡，好呀，我喜歡，把自己的應對加一點美國化，語調要輕鬆愉快，甚麼都好那樣。原來就在隔壁沒多遠，名字我讀不來，大概是法文。一看價錢牌，一杯「今日特選」要七塊五，兩杯十五，見她放下 20 元，轉頭就走。還想提醒她還要找錢，她已經走出門口。進辦公室後，在我耳邊說 :「不要喝星巴克，那是一般人喝的，我們的客戶會有想法的。」甚麼？喝星巴克咖啡，客戶有想法？不會吧。不過看見她煞有介事，我不敢多問，她這麼說，必然有她的道理。以後沒再喝星巴克咖啡，一直喝法國的，每次 10 元，不用找。算是我一種入鄉隨俗，倒也心安理得。

夠靈活，下班時間自己說了算

第二天，開電話會議，要分行經理透過電話認識我，人不多，七八個而已。心想，我是總裁，就是他們的老闆，一定要樹立威嚴。後來再想想，我初來乍到，甚麼也不懂，要裝也裝不出樣。不如坦白說清楚，我不懂你們的業務，不敢亂給指引。有意見，請直言。我說我是早上 6 時上班，下午 6 時下班。你們自己看自己的時間，能早回家就早一點走，不勉強。他們都很高興，因為在繁忙時間開車太勞累。其實，西岸的時間比東岸晚三小時，其中有奧妙。西岸早上 6 時是東岸早上 9 時，東岸總部有事也要等到他們 12 時，我們這邊 9 時，才會打電話過來。等到他們下午 3 時，我們中午 12 時去吃飯，他們犯不着打來。他們下午 5 時準備下班，而我們才 2

時。基本上東西兩地有時差，靠電話溝通就很好，不必留在辦公室，沒甚麼意思。所以給大家一種靈活性，下班時間自己說了算。3 時以後隨時可以回家。可以想像，大家很開心，認為我思想很前衛，不把我看成老古板。第一步成功，把大家年紀拉近。

思維拉近是第二步。下一次開會，我就直言，這裏的私人銀行目標客戶是電影圈內人，他們的要求我搞不懂。最好大家看準就不要猶豫，我會大力支持。這話一說，以後事情好辦，效率大大提高。生意直線上升，沒想到，做領導放開手有驚人的改變。想起以前在中國內地，一人之下有 22 個人向我匯報，是不是我不能放開？樣樣攬在手裏，反而不好。總之一句話，美國這份工作是個嶄新的經驗。

金融風暴，消費金融拖後腿

到了美國出任西岸私人銀行的負責人，就能充分體會浦偉士以前所說，做國際銀行就很不容易，要做全球銀行很可能力不從心。為甚麼這麼說？好像沒志氣，不過是事實。試看我旗下的高級副總裁，英語叫 SVP，手上有的客戶稀奇古怪，背景複雜。其中一位是墨西哥人，手上客戶多數住在哥倫比亞。這個地方無人不曉，有錢人跟販毒活動脱離不了關係，要做客戶背景調查（Know Your Customer，KYC），肯定做不來。誰敢去那地方？叫我背了機關槍也不敢。另外一類客戶多是影圈中人，三教九流，三山五嶽，四方人士惹不起呀。説要借錢拍電影，哪有現金流給你看，電影拍完，上映才知道賣不賣座，怎麼估計現金流？這門生意根本不是滙豐銀行可以駕馭。以前是一位猶太家族擁有，後來看見滙豐四處收購銀行，就把手上的私人銀行賣給滙豐。無疑，銀行的資產規模漲大了，但是管理風險漲得更大。

再看 Household 這家專做消費金融的機構，是行內專家，無人可敵，但是其風險偏好跟滙豐完全不一樣。我們不想輸，他們要贏，玩法不一樣。還有一個難以捉摸的經濟環境，順風之際，天下太平，賺完手續費，賺利息，雙重享受。但是逆風來到，走得快好世界，銀行隨時人財兩失。2008 年的金融風暴，引發的海嘯令不少銀行輸大錢，滙豐也免不了，讓 Household 拖後腿。所以説，膽子大的人把業務鋪開，希望多賺，但是遇上傾盆豪雨，收柴也來不及，全輸。做銀行能夠持久的人，一定膽子小。老實説，我的膽子小，大概是受銀行傳統文化的影響。比如説，看我大師兄，他看過的貸款申請書，絕對滴水不漏，如有瑕疵，推掉，寧可

不賺。

說他膽子小，他不否認，他的解釋很簡單，銀行的錢不是自己的，我們只是為人保管而已，怎麼可以亂來。所以他在滙豐銀行超過 30 年，一路平穩走過來。他的思維，還有其他師傅級人馬的思路也一樣，都是環繞「穩健」兩個字。我來到美國，名義上好聽，是個總裁。管這樣，管那樣。但是我心中有數，這可能是我最後一份差事。手指數數，原來已經過了 30 年，人家不是說 53 歲或 30 年就必須退下，哪樣先到跟哪樣。我是兩樣都到期，早有心理準備。我對自己說，比華利山風景優美，空氣清新，生活起居無可挑剔，同事之間各自努力做好業績，不用我多講話。這樣的工作哪裏去找，莫非這是銀行給我安排「告別前的蜜月」？讓我開開心心退下火線。

第 50 回

今天「哈囉」，明天「拜拜」

在滙豐銀行多年，學會很多招數，其中一招是「兵來將擋」。我在年輕時，下班泡銀行酒吧之際，學會一句經典的代名詞，叫 KCMG。本來的意思是對某人封爵的尊稱，也是英國本土的一種謔稱，説某人封爵之後就是 Kindly Call Me God，有點自大的行為，要別人稱呼他為上帝，前面四個字母加起來正好是 KCMG。當然來到香港，給我們本土化，變為 Kow Chung Must Go，指某些人時間一到就該退休的意思，前面四個字母也是 KCMG。所以有雙重含義，很好用，而別人不一定知道它暗藏的意義。

我是屬於後者，時間到就該走那一種人。不過我並沒有放慢步調，該做的不放過，依然很積極。第一年的成績很亮麗，可以説翻一番。我的方法是遙控型的「無為而治」，不會短距離囉嗦我下面的同事，但是不放過遠距離鼓勵他們。我的第一年，發現他們「需要」上級的鼓勵，拍拍肩膀很重要，他們不會覺得不好意思。如果得到金錢上的獎勵，他們更會加大力度，把業績做得更好。個人主義很明顯，要他們團結合作基本上是廢話。他們的客戶很可能不知道誰是滙豐，他們只認識

其客戶經理，因為客戶經理才能貼身，幫客戶解決問題。銀行不外乎是一個平台，或許是中介，讓客戶經理協助客戶完成買賣交易。這邊銀行的工作比較簡單，聘人與炒人。做得好，留；做得不好，炒。每個客戶經理都有自己的客戶，所謂「米飯班主」，客戶經理靠米飯班主吃飯，自己能拿多少獎金，米飯班主說了算。

做得好，獎；做得不好，炒

每個客戶經理都有自己的客戶，大致上知道一年能夠為銀行帶來多少收入。做得好，超標，獎；反之，做得不好，罰或炒。全是定量的衡量，沒有定性。換句話說，沒有甚麼感情用事，彼此間沒甚麼好不好意思。所以說，今天說「哈囉」，過一會說「再見」，就是他們的文化。很快進入 2003 年，香港以及中國內地傳來很不好的消息，原來有種傳染病叫 SARS 在肆虐，人人惶恐，心中不安。我在外，心在家，日子一樣不好過。

雖然我的工作跟 Household 完全無關，對方很客氣，每次在他們總部芝加哥開大會，總會邀請我。不發言，只是看看他們的排場。

聽說是600人的會議，由他們的總裁先發言，再由其他關鍵領導分析業績。我第一次參加，是他們原來的總裁（辛普森）先發言。美國人在台上講話很有一手，不用看稿，隨口說說，就一個多小時。由美國經濟形勢開始，講到美聯儲，再說金融業的形勢，結果帶入正題，分析自己的表現與預測前景。不過這位總裁不會忘記美國人小氣的地方，總會來一招橫手，調侃滙豐銀行。他說，這麼大的國際銀行，發展迅速，令人佩服。可是令人費解的是這銀行不懂消費金融，要在他們這邊尋求合作空間。如果我夠「沙塵」，可能會站起來說：「老兄，不是合作，我們是收購，而且消費金融並非太空科學，怎麼會不懂。」

心想，要跟這個人合作，並非易事，一聽就知道，此人非我族類，有異心。其實，他說我們不懂，並非無因。因為，當時他的年薪換算為港元，幾乎是兩億，誰也不服氣。而且，還要耍嘴皮，更是討厭。果然沒多久，換人。此人離職，換上我們在加拿大的總裁。不過，不是高招，因為美國人一直對加拿大人有意見，用加拿大人在美國做主管本身就是「不可能的任務」，怎麼可能，加拿大人在上，美國人在下？所以，一開始就埋下伏筆。我第二次去參加他們的大會，就發現端倪。加拿大滙豐派過來的總裁上台講話，沒多久，下面就

有點噪音。後來聽清楚，原來是有位美國同事在搞事，他大聲叫 :「朋友可否説英語？」意思説，加拿大人説的就不是英語，明顯是來搗亂。

「沙士」來襲，決心歸國

雖然後來總裁下面的人把事擺平，我就看出彼此之間有裂痕，只會逐漸加深。Household 後來的結果，相信大家都有印象。總之，不是好結果，拖累滙豐銀行損失慘重，各種原因都有，我就保存忠厚，不鋪開講了。2003 年過後，迎來 2004 年，大家可以鬆口氣的是 SARS 逐步受到壓制。我身在外，心在漢，很關心內地與香港的情況。不久，中國政府邀請美國華僑歸國參觀，以便理解內地存在許多發展潛力。正是「危」過去，帶來的是「機」，不少在美國的華人覺得內地冒起很多機遇，比起在美國前途更為亮麗，決心歸國。我的任期尚未完成，但是我覺得上天已經給我指引，回歸祖國才是明智的選擇。

我也很坦率，跟紐約總部説明我的想法。不稀奇，我的想法並沒有遇上阻力。反而，我感受到他們的鼓勵，此時此刻在中國內地必然有很多機會，可以發揮我過去在當地工作多年的經驗。他們唯一不知道的是我想離開滙豐的打算，已經在銀行 32 年，希望能出去看看外面的世界。回港路上，走了一條遠路。我經過倫敦，探望以前的老闆，感謝他們對我的提拔。另外，有始有終，我去拜會龐約翰，道明來意，以表示我對銀行的感激，銘記在心。這些年，能夠近距離跟好幾位董事長接觸、交流、學習，是我的運氣。也跟着看到滙豐銀行的發展，由地方性發展為國際性銀行，跟領導與同事的努力分不開，我有幸能夠參與其中一部分，永誌不忘。

後記

踏入 2020 年沒多久，武漢爆發疫情。屬於一種肺炎，傳染性很強，尤其對於上年紀的人來說，染上就招架不住。一下子人心惶惶，加上武漢在 1 月 23 日封城，不得進出，更是令人驚慌失措。兩天後，正是大年初一，新年的氣氛全泡湯了。整天聽到的是：疑似、確診、死亡率等等信息。日常生活中開始有人搶購廁紙，加上口罩短缺，慌亂中日子不好過。

酒樓、茶餐廳一下子被打入冷宮，無人光顧，苦不堪言。開始出現居家辦公，而且是政府帶頭，其他不少寫字樓也照辦，市面一片冷清。外圍疫情開始蔓延，股市自然立竿見影，大幅滑落。疫情較嚴重的國家，例如意大利，也開始封城。大家腦袋一片混亂，其他不說，至少有「恐懼」兩個字揮之不去。這種日子從來沒有經歷過，甚麼時候可以平穩過渡？誰也說不準。

有年輕朋友說，居家工作就像坐牢。我沒坐過牢，無法評價這種說法。但是一般人肯定會胡思亂想，這是最難受的部分，被一種不明朗因素牢牢困住。這樣，那樣，搞得自己心煩意亂，不可終日。內地的朋友更為不爽，因為封鎖範圍把居住的小區也納入，不能隨意進出。必須有合理的理由，甚至要配置密碼，對得上才放行。

有小區用「月落烏啼霜滿天」為密碼上聯，居民進入小區要答「殺無赦」下聯。雖然有點煩，但是也算無聊生活中一點情趣。我倒不介意幫小區管理處建議密碼的題目，可以趁機翻翻《唐詩三百首》，溫故知新。香港似乎缺乏這種無可奈何中的雅緻，有些人一有機會就吵吵鬧鬧，添忙添亂最拿手。

給我的啟示：無聊的日子一定要找點事做，最好貼着書桌，我不煩人，人不煩我。好呀，不如還書債。這幾年欠下三本書債，拖拖拉拉好幾年還沒還。人家不說話，表示放棄，留下自己空嗟嘆。下定決心，在武漢封城那一天開工。目標八萬字，一天兩千，40天完工。照規矩不難，跟自己打氣：加油。

可以說，真的是一口氣寫完。算算，也就是40天。莫非這就是「有志者事竟成」的寫照。當然，還有剩下修修補補的工作要花時間。不過有八萬字在手，難免有點躊躇滿志。還了多年的書債，心中暢快，可以想像。

寫這本書最大的動力，在於「時不我與」這種壓力。因為

我不比往昔，已經一把年紀，甚麼時候趕上老人癡呆真不知道。聽說這毛病一來就來，無情講。萬一這樣，甚麼也記不得，這些故事豈不是化為烏有，再也沒人知道，多可惜。我同輩的老同事，早已登岸享受清福，看來不會執筆與讀者分享過去在滙豐的趣事。

其次，在滙豐多年，銀行待我不薄，至少現今生活不愁。不管是天算，或是人算，我總感恩在滙豐待過 30 多年。也記得自己在滙豐走過的路，雖然崎嶇多過平坦，但是不缺樂趣與滿足。一句話總結：「銀行好不好，在乎人，只有人才會改變一切。」我慶幸自己碰上不少好的人物，改變了我。

還有其他不少好的人物，筆墨所限，無法盡錄。有待下回再續，藉此奉上我最誠摯的祝福。